彩图 1
种子消毒处理技术

彩图 2
自动化播种

彩图 3
专业嫁接团队

彩图 4
嫁接后管理

彩图 5
补光技术

彩图 6
穴盘育苗

彩图 7
育苗精量灌溉节水系统

彩图 8
二氧化碳肥料

彩图 9
水肥一体化技术

彩图 10
地膜覆盖

彩图 11
重力施肥器

彩图 12
四膜一毡技术

彩图 13
二层天幕技术

彩图 14
蜜蜂授粉

彩图 15
蜜蜂授粉技术

彩图 16
天窗放风技术

彩图 17
小果型西瓜单蔓密植技术

彩图 18
小果型花皮红瓤西瓜

彩图 19
小果型花皮彩瓤西瓜

彩图 20
小果型黄皮红瓤西瓜

彩图 21
小果型黑皮红瓤西瓜

彩图 22
中果型西瓜

彩图 23
薄皮甜瓜

彩图 24
厚皮甜瓜

西瓜、甜瓜实用技术汇编

◎江 姣 哈雪姣 李 晨 刘继培 主编

中国农业科学技术出版社

图书在版编目（CIP）数据

西瓜、甜瓜实用技术汇编 / 江姣等主编 . -- 北京：中国农业科学技术出版社，2022.12
ISBN 978-7-5116-5471-7

Ⅰ. ①西…　Ⅱ. ①江…　Ⅲ. ①瓜类蔬菜—蔬菜园艺
Ⅳ. ① S642

中国版本图书馆 CIP 数据核字（2021）第 172781 号

责任编辑　白姗姗　费运巧
责任校对　马广洋
责任印制　姜义伟　王思文

出 版 者　中国农业科学技术出版社
　　　　　北京市中关村南大街 12 号　　邮编：100081
电　　话　（010）82106638（编辑室）（010）82109702（发行部）
　　　　　（010）82109709（读者服务部）
网　　址　https://castp.caas.cn
经 销 者　各地新华书店
印 刷 者　北京建宏印刷有限公司
开　　本　148 mm × 210 mm　1/32
印　　张　8　彩插 8 面
字　　数　185 千字
版　　次　2022 年 12 月第 1 版　2022 年 12 月第 1 次印刷
定　　价　39.80 元

《西瓜、甜瓜实用技术汇编》
编 委 会

主　编：江　姣　哈雪姣　李　晨　刘继培

副主编：于　琪　赵　跃　曾　烨　兰　振
芦金生　代艳侠　汪希栋　孙　培

编　委：靳凯业　贾文红　黄　楠　董　帅
张　扬　夏　冉　孙莉莉　郭月萍
袁喜娣　韩成刚　孙福森　吴爱华

前言

PREFACE

本书由北京市大兴区种植业技术推广站专家及北京市大兴区种植业技术推广站瓜类作物科、节水农业科、土壤肥料科等一线生产技术人员编写，详细介绍近年来西瓜、甜瓜生产中的新优种植品种、集约化育苗、实用栽培技术以及植保技术，并配以形象直观的图片及融媒体介绍。本书以简练通俗的语言，与图文形式相结合，介绍近几年西瓜、甜瓜推广过程中提炼的土壤、水肥实际生产的关键技术及常见病虫害防治技术，促进新优关键栽培技术开花落地，加快瓜农对西瓜、甜瓜品种的更新换代，方便种植户及农业技术人员对西瓜、甜瓜新优品种的了解，推动西瓜、甜瓜产业的发展。本书内容丰富，数据翔实，技术性强，语言简练，适应广大农户及一线农业技术推广人员学习参考。

编　者

2022 年 8 月

CONTENTS

第一章
西瓜、甜瓜生产概述

一、世界西瓜、甜瓜生产概况

西瓜、甜瓜是重要的经济作物，在世界水果生产和消费中具有重要的地位。据 FAO 数据库显示，2018 年全球西瓜、甜瓜收获面积和产量分别为 428.85 万公顷、13 128.06 万吨，分别占全球水果（初级，下同）面积和产量的 6.3%、15.13%，产量位居全球水果第一，相当于西瓜、甜瓜用全球 6.3% 的收获面积产出了 15.13% 的水果产品，是一个高产出的园艺作物。其中，西瓜收获面积和产量分别为 324.12 万公顷、10 393.13 万吨，位居世界水果的面积第 8 位和产量第 2 位，分别占世界水果面积的 4.76%、产量的 11.98%；甜瓜收获面积和产量分别为 104.73 万公顷，2 734.92 万吨，位居世界水果面积的第 15 位和产量第 10 位，分别占世界水果面积的 1.54%、产量的 3.15%。

西瓜、甜瓜具有高产特点，随着科技的发展、种植模式的创新、产业的带动和居民消费水平的升级，西瓜、甜瓜种植水平得到显著提高，西瓜、甜瓜的单产水平远高于其他水果。2018 年西瓜、甜瓜每公顷产量分别达到 32.07 吨、26.11 吨。

据 FAO 数据库显示，分大洲看，亚洲是全球西瓜、甜瓜最大的生产和消费区域，其中，西瓜收获面积、产量分别为233.26万公顷、8 420.92万吨，占全球的71.52%、81.01%；甜瓜区域分布与西瓜十分类似，亚洲收获面积、产量分别为72.41万公顷、1 995.90万吨，分别占全球的69.14%、72.98%。美洲、非洲和欧洲的收获面积、产量相当，大洋洲最少。亚洲较其他洲单产也较高。分国别看，全球西瓜收获面积排名前10的国家：中国、伊朗、俄罗斯、苏丹、巴西、印度、土耳其、阿尔及利亚、哈萨克斯坦以及越南，排名前10面积总和占总面积的72.40%；产量排名前10的国家：中国、伊朗、土耳其、印度、巴西、阿尔及利亚、俄罗斯、乌兹别克斯坦、美国和埃及，前10产量总和占比81.66%。全球甜瓜收获面积排名前10的国家：中国、伊朗、土耳其、印度、哈萨克斯坦、阿富汗、美国、危地马拉、埃及、意大利，合计占比72.50%；产量排名前10的国家：中国、土耳其、伊朗、印度、哈萨克斯坦、美国、埃及、西班牙、危地马拉、意大利，合计占比79.73%。

二、我国西瓜、甜瓜产业发展历程

中华人民共和国成立之初，全国西瓜、甜瓜总播种面积不足百万亩（1亩≈667平方米），生产水平低下，主栽品种以地方农家品种为主，全国的西瓜、甜瓜科技人员与专业科研人员少之又少。20世纪50—70年代，西瓜、甜瓜生产在园艺作物中一直属于薄弱产业。1978年改革开放以来，在政府的重视支持与政策引领下，西瓜、甜瓜生产与科研均得到迅速发展，西瓜、甜瓜生产与其他农作物一样逐步得到恢复，成为经济作物种植中的新兴产业。到20世纪70年代中期，全国西瓜、甜瓜生产发展到逾33万公顷，单位面积产量和商品瓜质量都有了明显提高。1984—1987年全国西瓜播种面积年均增长44.7%，西瓜、甜瓜产量基本能满足城乡居民消费需求。由于比较效益高，西瓜、甜瓜播种面积逐年增加，1988年达到113万公顷，1998年达到133万公顷。近20年来全国西瓜、甜瓜面积虽有波动，但年均播种面积在233万公顷左右，持续保持世界第一。至2022年，我国已连续30余年成为世界上西瓜、甜瓜播种面积最大、栽培品种与产量最多的大国，拥有世界上门类最全、参与人数最多的西瓜、甜瓜专业科技队伍；在科研成果、选育和登记品种数量、培养硕士博士专业人才等方面居世界前列。

我国西瓜、甜瓜生产之所以能从70年前的不足百万亩迅速发展到如今年播种面积233万公顷，关键在于政府的政策引导。同时，在推动产业发展方面，科技进步特别是新品种新技术的迅速推广应用起到了重要作用。20世纪60年代至2000年我国第一部《中华人民共和国种子法》（以下简称《种子法》）实施，相关单位共选育出西瓜优良新品种数百个，甜瓜优良新品种百余个。20世纪80年代末，西瓜生产基本采用了杂交1代良种，甜瓜杂交1代品种生产应用率在80%以上。自2017年5月至2019年6月，根据修订后《种子法》实施的非主要农作物品种登记制度，在29种登记作物中西瓜位居第2位，已登记品种近2 000个；甜瓜位居第5位，登记品种近1 000个。在栽培技术方面，20世纪80年代初推广地膜覆盖栽培后，不断扩大西瓜、甜瓜的栽培区域，而且提早成熟7～15天，产量增加50%以上，提高效益效果明显。20世纪90年代小拱棚、塑料大棚、日光温室等设施栽培与多层覆盖模式推广，我国西瓜、甜瓜的产量和品质大幅提升，经济效益显著。而厚皮甜瓜在东部地区大面积栽培成功，为农民依靠甜瓜生产增加收入开辟了新的途径。

我国的西瓜、甜瓜种质资源调查、收集整理工作始于20世纪50年代。1985年西瓜、甜瓜品种资源工作列入国家“七五”计划项目，共收集入库1 700余份国内外西瓜、甜瓜种质资源。1986年我国建成国家作物种质库（国家长期库），“九五”结束时完成西瓜、甜瓜编目入国家长期库近2 000份。2010年中期库建成，设计种质保存容量在10 000份以上，采用的低温干燥保存技术可以安全保存种质20年以上。2010年后种质资源收集方向转向国外，重点收集西瓜、甜瓜的近缘种植物、野生种质、抗性种质和优质种质等，涵盖了西瓜属的5个种和甜瓜属的14个种，目前的保存总量突破4 000份。西瓜杂优利用育种研究方面，美国、日本等发达国家在20世纪50年代取得较大进展，我国70年代末育成了第1批杂交品种，90年代初西瓜生产普及了杂交1代品种，如中国农业科学院郑州果树研究所选育的郑杂5号、郑杂7号、郑杂9号，中国农业科学院作物品种资源研究所选育的丰收2号，北京市农林科学院蔬菜研究中心选育的京欣1号等，开封市农林科学院选育的汴杂7号、开杂2号等，江苏省农业科学院蔬菜研究所选育的苏杂系列品种，安徽合肥选育的聚宝1号，广东选育的新澄，湖北选育的荆杂系列品种，新疆选育的红优2号、新优2号、早佳（84-24），黑龙江选育的齐红等都在当时成为各主产区的主栽品种。进入21世纪后，杂优已经成为新品种育种的基础，育种目标更加趋于面向市场多元化需求的细分，如西北区域以金城5号等为代表的优质大果、适应性强、耐储运类型品种；华南区域以无籽新1号、广西5号等为代表的高抗、丰产、耐储运无籽西瓜类型品种；东部区域以早佳、京欣、美都等为代表的适于设施栽培的优质品种等。西瓜育种进入新阶段的另一个标志是生物技术与基因测序，北京市农林科学院蔬菜研究中心与西班牙等国家的科研机构合作，于2013年发表了西瓜全基因组测序报告。

我国西瓜抗病育种工作在20世纪80年代中期开始起步。通过收集、分离、鉴定各地病菌株系，对已有品种进行抗病性鉴定筛选，选配抗病组合进行联合异地试验等，90年代育成并推出了郑抗系列、京抗系列、苏抗系列和西农8号等抗枯萎病新品种，应用于生产并取得了显著的社会效益和经济效益。无籽西瓜的研究利用始于20世纪40年代的日本。由于无籽西瓜在种子发芽、成苗和授粉坐果、繁种等方面存在较多问题，目前世界上仅中国、美国、日本以及东南亚等国家有规模化生产。

我国无籽西瓜研究开始于20世纪50年代后期，60年代中期育成第一个有生产和商品价值的无籽3号品种。80年代全国无籽西瓜面积已达10余万亩，年出口量达到3万吨以上，形成了河南中牟、山东昌乐、广西藤县、湖南邵阳等出口基地。近年全国无籽西瓜面积已经发展到近百万亩，而且我国已成为世界上最大的无籽西瓜生产和出口国家。

优良新品种及其配套栽培技术的推广，对提高西瓜、甜瓜产量和品质，促进产业发展和增加农民收入起到了重要作用。我国在西瓜、甜瓜地膜覆盖、小拱棚双覆盖、塑料大棚、日光温室等设施栽培技术的应用方面取得了举世瞩目的成效，在经济作物中仅次于棉花，居第2位。厚皮甜瓜日光温室及大棚设施栽培，在山东、河北、河南、江苏等地区获得了每亩收入数千元乃至上万元的经济效益。设施栽培中利用无土栽培技术也取得了显著进展，在珠江三角洲地区、长江三角洲地区和京津地区都有规模不等的无土栽培绿色瓜果基地。山东、河北、河南、江苏、广西、海南等地利用大棚进行厚皮甜瓜栽培，不仅克服了降水等不利影响，而且能早熟上市，提高了经济效益。

三、我国西瓜、甜瓜生产现状

西瓜在世界十大水果中位居第 5 位，甜瓜位居第 9 位。西瓜、甜瓜已有千年的种植历史，由于其含有丰富的葡萄糖、苹果酸、维生素 C、维生素 A、维生素 B_1 和维生素 B_2 等多种营养成分，瓜瓤脆嫩、汁多味甜、清热解暑，并且具有治疗和保健等药用价值，深受人们的喜爱，是我国重要的高效园艺作物与传统的夏令水果，占夏季上市水果总量的 70% 以上，具有极其重要的地位。

我国的西瓜、甜瓜种植地区广泛、模式多样，栽培历史悠久，品种资源丰富。西瓜、甜瓜的种植周期短、比较效益高，是农民增收显著的百日作物，也是改革开放后持续发展较快的经济作物之一，在促进我国农民快速增收和满足人民日益增长的生活需求方面发挥了巨大作用。

随着我国城乡经济的发展和居民生活水平的提高，西瓜、甜瓜在种植业中的地位越来越重要，未来西瓜、甜瓜产业将为带动种植业发展和农业可持续发展做出更多的贡献。

四、北京市西瓜、甜瓜产业概况

(一)北京市西瓜、甜瓜产业布局

北京市西瓜、甜瓜生产主要集中在大兴区和顺义区。此外,通州区、延庆区、昌平区、房山区、怀柔区也有部分生产。

大兴区西瓜、甜瓜主产区分布在庞各庄、北臧村、安定、礼贤、魏善庄、榆垡 6 个乡镇。其中,庞各庄镇为西瓜、甜瓜主产镇,现已成为大兴区主要观光采摘园区聚集地,以生产优质、多样化、适宜观光采摘的西瓜、甜瓜品种为主。经过政府支持和多年的发展,形成了一条以庞安路为主线的西瓜、甜瓜产业带,涌现了一批优势园区,如御瓜园、老宋瓜园、小李瓜园和世同瓜园等。此外,甜瓜生产主要集中在榆垡和礼贤镇,中果型西瓜生产则主要集中在北臧村、魏善庄和安定镇,但面积较小。

顺义区西瓜、甜瓜主产区分布在北务、李遂、李桥、木林、大孙各庄、高丽营以及杨镇 7 个乡镇。其中,杨镇、北务镇以西瓜生产为主,主要为中型有籽西瓜品种,也有小面积的小型有籽西瓜与露地无籽西瓜品种。李桥、李遂、北务镇主要生产厚皮甜瓜。杨镇、大孙各庄镇主要生产薄皮甜瓜。

其他区县西瓜、甜瓜生产面积较小,但也各具特色。通州区的西瓜、甜瓜主产区主要集中在宋庄、潞城、台湖、永乐店等 9 个乡镇。以农业园区为生产主体,如金福艺农、瑞正园、碧海圆等,生产效益较高。昌平区的西瓜、甜瓜主产区分布在兴寿、南邵等乡镇，主要以草莓与西瓜、甜瓜套种的模式生产。此外，该区还有极具特色的麒麟瓜生产技术。延庆区西瓜、甜瓜主产区集中在康庄、八达岭和大榆树镇 3 个乡镇，主要通过设施西瓜延迟生产与长季节栽培技术，将西瓜上市时间推迟到 7—9 月，弥补了北京市消费旺季自产西瓜市场短缺的空白。

（二）西瓜、甜瓜种植品种

北京地区主要的西瓜种植品种包括中大型有籽西瓜、中小型有籽西瓜、小型有籽西瓜、无籽西瓜和特色西瓜 5 种类型。中大型有籽西瓜品种主要有华欣、京欣 2 号、京欣 3 号、北农天骄、京凤系列、京嘉等品种，以春大棚及露地茬口种植为主。一些优新品种通过引进与推广也得到了农户的认可，如高产京欣类型新品种北农 168 和改良京欣 -6，早熟优质京欣类型新品种改良抗裂京欣 3 号，脆肉优质类型新品种 L-777 等。

中小型有籽西瓜品种如京蜜佳、沙蜜佳和早佳 8424（麒麟瓜）等品种，主要在春大棚茬口种植。此外，一些优新品种如早佳 8424 类型新品种京嘉 2 号和脆肉优质类型新品种京蜜佳凭借其优良的品质和稳定的产量也得到了农户的认可。

小型有籽西瓜品种如 L-600、北农佳丽、京颖、特大早春红玉、京秀、锦秀、福运来、红小帅等品种，主要在春大棚和秋大棚两个茬口种植。此外，一些小型脆肉优质类型西瓜新品种如锦秀、传祺 1 号和传祺 2 号、蜜佳凭借其优良的品质和稳定的产量也得到了农户的认可。

无籽西瓜品种主要有暑宝系列大型无籽西瓜类型和京珑小型无籽西瓜类型等。此外，部分地区还少量种植特色类型西瓜，如京雪、京丽、京阑等。

北京地区甜瓜品种类型主要包括薄皮甜瓜和厚皮甜瓜两种类型，在春大棚和秋大棚两茬种植。其中，薄皮甜瓜品种主要有京蜜系列、北农系列、青甜、绿宝石、京蜜 11、绿宝、蜜脆香园、金玉满堂等，黄白、绿色皮色品种更受消费者欢迎。厚皮甜瓜种植品种主要包括伊丽莎白、一特白、京玉系列、金莎、西薄洛托、久红瑞、丰雷，其中，伊丽莎白类型生产占比达 30% 以上，哈密瓜类型品种主要有北农 7 号、京蜜 27、哈姆雷特等。

（三）销售现状

鲜食西瓜、甜瓜销售以零售为主，占到销售总量的 50% 以上。近几年，许多西瓜、甜瓜生产合作社与瓜农开始“触网”，使用互联网，与当地电商企业、网络主播合作，通过互联网线上销售西瓜、甜瓜。目前，北京市主产瓜区大兴区已经有 94 家合作社实现了与知名电商合作，有效带动了一批农民加入互联网的销售大军中，通过电商企业向外销售，销量大增，尤其随着疫情带来的人员流动限制，互联网销售的优势逐渐显现。观光采摘也是一种重要的销售方式，市场占比约 24%，发展空间很大。

第二章
西瓜、甜瓜新优品种

一、小果型红瓤西瓜品种

1. 京颖

早春红玉类型，由北京市农林科学院蔬菜研究中心选育。早熟，全生育期 90 天左右，北方早春种植果实发育期 35～40 天。植株生长势强，果实椭圆形，美观周正，底色深绿带锯齿条纹。单果重 2 千克左右，一般每亩产量 2 500～3 000 千克。果肉红色，肉质脆嫩，口感好，纤维含量少，中心可溶性固形物含量最高达 15% 以上，中心和边缘可溶性固形物含量梯度小。2010 年获第二十二届北京大兴西甜瓜擂台赛西瓜小型组第一名。

2. 京秀

早春红玉类型，由北京市农林科学院蔬菜研究中心选育。早熟品种，全生育期 90 天左右，北方早春种植果实发育期 35～40 天。植株生长势强健，抗病性较强。果形指数 1.39，椭圆形，绿底覆锯齿形窄条带，果实周正美观，剖面好，无空心和离瓤现象，黄筋少。单果重 1.8 千克左右，皮厚约 0.57 厘米。果实红肉、少籽，肉质脆嫩，口感好，风味佳，中心可溶性固形物含量 11% 左右，最高达 12.1%。该品种获得第十四届北京大兴西瓜节西甜瓜擂台赛西瓜新品种奖，2001 年山东昌乐品比会一等奖，2007 年北京大兴西瓜擂台赛小型西瓜综合组第一名。

3. L-555

由日本萩源农场引进的小西瓜新品种。成熟期短，北方早春种植果实发育期 35～40 天。果实椭圆形，外形美观，深绿底色覆条纹，果皮薄而韧性好，耐储运，耐低温弱光和耐湿性强。瓜瓤红色，肉质细嫩，中心可溶性固形物含量达 12%～14%，边缘可溶性固形物含量 10% 左右，风味和口感极佳。单瓜重 1.7～2.5 千克，平均 2.2 千克，坐果节位低，适合春秋季大小棚栽培。

4. 北农佳丽

由北京市农业技术推广站选育的小果型西瓜杂种一代。植株生长势中等，第一雌花平均节位 8.5 节，全生育期约 90 天，果实发育期 27 天左右。单果重 1.5～2.5 千克，果形指数 1.29，果实椭圆形。果皮绿色覆墨绿色细齿条纹，皮厚 0.5 厘米左右，果实耐裂性好。果肉红色，质脆而多汁，口感好，中心可溶性固形物含量 11.7% 左右，边缘可溶性固形物含量 9.5% 左右。果实商品率 99.4%，抗病性强，适合春秋保护地栽培，果实采收前 7～10 天应停止浇水，以保证果品质量。枯萎病苗期室内接种鉴定结果为感病。

5. L-600

由北京市大兴区农业技术推广站选育的小型西瓜杂种一代。植株生长势中等，第一雌花平均节位 8.1 节，果实发育期 32.3 天。单瓜重 1.59～2.5 千克，果型指数 1.35，果实椭圆形。果皮绿色覆齿条纹，有蜡粉，皮厚 0.5 厘米。果肉红色，中心可溶性固形物含量 12%，边缘可溶性固形物含量 9.3%，挂果期长达 10～15 天，口感好。果实商品率 98.8%。

6. L-800

由日本萩原种业选育。全生育期 90 天左右。早熟小果型西瓜，果实呈椭圆形，绿皮覆墨绿条纹，口感酥脆多汁、纤维细、黄筋极少，瓤色粉红，中心可溶性固形物含量 13.27%，果皮厚度 0.6 厘米，单瓜重 2.5 千克左右。

7. L-900

由日本萩原种业选育。全生育期 90 天左右。早熟小果型西瓜，果实呈椭圆形，绿皮覆墨绿条纹，口感酥脆多汁、纤维细、黄筋极少，瓤色粉红，中心可溶性固形物含量 13.27%，果皮厚度 0.6 厘米，单瓜重 2.8 千克左右。

8. 光辉 1 000

由北京市大兴区种植业技术推广站选育早熟小型西瓜一代杂种。全生育期约 92 天，开花后 32 天左右成熟，坐果整齐，单瓜重 1.5～2.5 千克，果实椭圆形，绿底色上有墨绿色细条纹。果实耐裂性好。果肉红色，质脆而多汁，风味佳，甜度达 14 度，抗病性强，适合春秋保护地栽培。

9. 锦绣前程

由上海惠和种业有限公司选育。耐低温性好，早春低温寡照条件下，花粉活性好，坐果性好。单果重 2.3～2.8 千克，耐裂果。果实呈椭圆形，绿皮覆墨绿条纹，瓤色粉红，口感酥脆，中心可溶性固形物含量 13%，果皮厚度 0.7 厘米，品质好。

10. 福星

由上海惠和种业有限公司选育。生长势强健，坐果能力强，果重 2～2.5 千克。果形整齐，条纹清晰，果皮薄、有韧性，不易裂果，商品性好，成熟期 35 天左右。果肉浓桃红色，可溶性固形物含量 13% 以上，风味佳。

11. 锦蜜

由福田种业选育。早熟 25 天，果实全生育期约为 85 天。果实椭圆形，弹簧绿，皱齿状带。单瓜重 2.5 千克左右，红肉，风味佳，可溶性固形物含量可达 13%。

12. 九龙迷你

由北京市优质农产品产销服务站选育的小果型杂交一代早熟西瓜新品种。果实发育期 30 天左右。抗病性强，品质佳，耐弱光，植株生长势稳健。果实椭圆形，外皮绿色覆齿条纹，果皮厚度 0.5 厘米，条带清晰，有韧性，耐储运，口感酥脆。瓜瓤粉红色，中心可溶性固形物含量 12.5% 以上，单果重 2.5～3 千克，密植吊蔓栽培每亩产量 3 500～4 000 千克。

13. 京美 3K

由北京市农林科学院蔬菜研究中心育成小果型西瓜品种。花皮椭圆形，肉红，抗裂，脆，不易空，单瓜重 2.5 千克左右，可溶性固形物含量 13% 左右。

14. 京雅

由北京市农林科学院蔬菜研究中心选育。外观靓丽、皮薄、耐裂、品质优。迷你型高档小型早熟无籽西瓜杂种一代。全生育期 82 天左右。植株生长势稳健，易坐果，无籽性能好。果实圆形，亮绿底色，绿核桃纹，单瓜重 0.6 千克左右。果肉深红色，皮特薄，耐裂，耐储运，高糖，口感脆爽，风味佳。

二、小果型彩虹瓤西瓜品种

1. 京彩 1 号

由北京市农林科学院蔬菜研究中心选育。花皮椭圆形，橙黄瓤，耐热，肉质酥脆，单瓜重 2.5 千克左右，可溶性固形物含量 13% 左右，富含 β-胡萝卜素。

2. 京彩 2 号

由北京市农林科学院蔬菜研究中心选育。花皮圆形，血橙瓤，抗裂，高糖，单瓜重 2 千克左右，可溶性固形物含量 13% 左右，富含 β-胡萝卜素。

3. 京彩 3 号

由北京市农林科学院蔬菜研究中心选育。早熟，耐低温弱光，花皮圆形，粉黄瓤，早熟，酥脆，高糖，瓜味浓，单瓜重 2.0 千克左右，可溶性固形物含量 13% 左右。

4. 京彩 4 号

由北京市农林科学院蔬菜研究中心选育。早熟，耐低温弱光，花皮圆形，瓤色孔雀黄，皮不硬，口感嫩，高糖，单瓜重 2.5 千克左右，可溶性固形物含量 13% 左右。

5. 京彩 6 号

由北京市农林科学院蔬菜研究中心选育。花皮椭圆形，深黄，抗裂，高产，单瓜重 3 千克左右，可溶性固形物含量 13% 左右。

6. 彩虹瓜

由北京中宏润禾种业有限公司选育。早熟，礼品西瓜杂交种。果实圆球形，果皮绿色覆墨绿色条带，单果重 1.5～2.5 千克，果肉橙黄色相间，无纤维，汁多爽口。耐低温，弱光性强，是大棚西瓜早熟栽培的理想品种。

7. 彩虹瓜之宝

由河南豫艺种业科技发展有限公司选育。创新型礼品小西瓜，玲珑美观，细条带花皮，圆形或稍高圆形，单瓜重 1.5～2 千克，突出特色是瓜肉瓤色特别，正常成熟时红橙、乳黄相间，西瓜纵切时剖面尤似彩虹，横切时剖面带有隐约的花朵图案；口感特别，瓤质酥脆细嫩，有入口即化之感，并有独特的清香味；甜而多汁，中心可溶性固形物含量可高达 13.9%，皮薄，中心与边缘可溶性固形物梯度小；早熟性好。正常管理情况下，坐瓜后 25～27 天即可采收，七成熟就非常甜，并可收二茬瓜，效益好，适合大棚种植，作高档礼品西瓜包装销售。

8. 彩霞

由安徽拓华农业有限公司选育。极早熟高端礼品型小西瓜，果实 22 天左右可采摘，果实高圆形，果皮绿色覆深绿色齿状条带，其瓤红、橙、黄、乳黄色带状相间。肉质酥脆细嫩，口感清香，入口即化，果皮薄，中心可溶性固形物可达 14%，单瓜重 2.5 千克左右，植株生长势较稳健，耐低温弱光，适合设施早熟栽培。

9. 春晖

早熟、圆球形、小果橙色果肉礼品西瓜品种，绿色果皮上覆盖深彩虹绿色齿状条带，单瓜重 1.5～2.5 千克，可溶性固形物含量高，果皮硬度较韧，内质脆。

10. 锦霞 8 号

优质椭圆形花皮彩瓤西瓜（瓤色因温度而有变化），不同于“彩虹瓜之宝”。生长稳健，低温下花芽发育较好，是最容易坐瓜的礼品西瓜之一，坐瓜整齐，最适环境下果实发育期 30 天左右（充分成熟风味更好），单瓜重 1.5～2 千克（地爬种植，单瓜 3.5 千克左右），瓜瓤硬脆爽口，有独特的清香味，可溶性固形物含量可达 14%，皮薄而硬，不易空心，正常情况下倒瓤和裂瓜现象少，经过上千千米运输烂瓜少，常温下存放半个月不变质。该品种品质好、精品果率高、采摘期长、货架期长，适合电商运作或超市销售。

11. 金彩

小型西瓜一代杂种早熟，果实发育期 26～28 天，全生育期 85～90 天，植株生长势强，花皮椭圆形，橙黄肉，绿底覆盖墨绿齿条纹，果实周正美观，单瓜重 2～2.5 千克，易坐果，皮薄，肉质脆嫩、口感好，中心可溶性固形物含量 13% 以上。

12. 中科彩虹

新育成早熟花皮橘肉礼品西瓜杂交种。全生育期 85 天左右，果实椭圆形，果皮绿色覆墨绿色条带，单果重 1.5～2.5 千克。皮薄且有韧性，果肉橘黄，无纤维，梯度小，果肉爽脆，入口即化，可溶性固形物含量 13% 左右，口感独特。耐低温、耐弱光性强，是提早上市高经济效益品种。

三、中果型西瓜品种

1. 京美 4K

由北京市农林科学院蔬菜研究中心和北京京研种业有限公司合作育成。全生育期 90 天，果实成熟期 35 天。果实椭圆形，花皮红肉，单果重 4 千克左右，瓜皮薄，不易裂果。果肉脆嫩、口感好、甜度高，可溶性固形物含量可达 13%。

2. 京美 6K

由北京市农林科学院蔬菜研究中心和北京京研益农科技发展中心合作育成。全生育期 90 天，果实成熟期 35 天，果实高圆形，花皮红肉，单果重 6 千克左右，瓜皮薄，不易裂果。果肉脆嫩、口感好、甜度高，可溶性固形物含量可达 12%。

3. 京美 8K

由北京市农林科学院蔬菜研究中心和北京京研益农科技发展中心合作育成。全生育期 90 天，果实成熟期 35 天，果实高圆形，花皮红肉，单果重 8 千克左右，瓜皮薄，不易裂果。果肉脆嫩、口感好、甜度高，可溶性固形物含量可达 12%。

4. 京嘉

由北京市农林科学院蔬菜研究中心选育。全生育期 90 天，果实成熟期 35 天，果实圆形，花皮红肉，单果重 8 千克，果肉脆嫩、口感好、甜度高，可溶性固形物含量可达 12%。

5. TC205

早熟西瓜一代杂交种。生育期约 95 天，开花后 30 天左右成熟，坐果整齐，单瓜重 5～6 千克。果实椭圆形，绿底色上有墨绿色条纹。果实耐裂性好，果肉红色，质脆而多汁，风味佳，甜度可达 13 度。抗病性强，适合春秋保护地栽培。

6. 小甜王

早熟西瓜一代杂交新品种。生育期约 95 天，开花后 29 天左右成熟，坐果整齐，单瓜重 4 千克左右。果实椭圆形，绿底色上有墨绿色条纹。果实耐裂性好，果肉红色，质脆而多汁，风味佳，品质好，甜度可达 13 度。抗病性强，适合春秋保护地栽培。

7. 华欣

由北京市农林科学院蔬菜研究中心、北京京研益农科技发展中心、北京京域威尔农业技术有限公司共同合作育成。早熟西瓜杂种一代。全生育期 90 天左右，果实发育期 35 天。植株生长势较强，第一雌花平均节位 8.7 节，单瓜重 5.34 千克左右，果实高圆形，果型指数 1.05，果皮绿色覆细齿条纹，有蜡粉，皮厚 1.0 厘米，果皮较脆。果肉深红色，中心可溶性固形物含量 10%，枯萎病苗期室内接种鉴定结果为高感。每亩产量 4 000 千克左右。

8. L-777

由日本萩原公司选育。中果型早熟品种，全生育期 85 天左右，果实生育期 30 天左右。植株生长势强，出苗壮且齐，易坐果，红肉花皮，果实近圆形，瓤质酥脆，质细可口，中心可溶性固形物含量可达 12.5% 以上，皮厚 1 厘米左右，较耐储运，单果重 4～6 千克，一般每亩产量达 3 000～4 000 千克。

9. 早熟佳园

由安徽江淮园艺科技有限公司选育。极早熟品种，生长势平稳，雌花开放至果实成熟25天左右。花皮圆果，红瓤，皮薄、抗裂性好，口感酥脆，中心可溶性固形物含量高达13%，产量高。单瓜重9千克左右，每亩产量达5 000千克以上。

10. 锦都

由安徽屯丰种业科技有限公司选育的杂交早熟品种。全生育期90天左右，果实发育期30天左右。单果重7千克左右。植株长势强健，较易坐果，第一雌花着生于主蔓第7～8节，雌花间隔3～5节。果实圆形，浅绿皮覆深绿条带，果面光滑，有蜡粉，果实圆整度较好。果皮厚1厘米左右。粉红瓤，肉质细脆汁多。中心可溶性固形物含量12.5%，边缘可溶性固形物含量9.0%。中抗枯萎病，耐低温弱光。

四、甜瓜新优品种

（一）市场需求

甜瓜是世界农业中的重要水果之一，国际上甜瓜主要生产国有中国、土耳其、以色列等。中国是甜瓜最大生产与消费国，随着国民经济的发展和人民生活水平的不断提高，对甜瓜生产销售的需求也越来越大，所以培养品质优良、性状良好、外形美观、受消费者欢迎的甜瓜品种成了瓜农重点关注的目标。

（二）甜瓜的分类

甜瓜拥有着极高的营养价值，是消费者喜爱的水果之一，甜瓜种类繁多，其中按植物学分类方法，将甜瓜分为8个变种：

网纹甜瓜、硬皮甜瓜、冬甜瓜、观赏甜瓜（看瓜）、柠檬瓜、蛇形甜瓜（菜瓜）、香瓜和越瓜。按生态学特性，我国通常又把甜瓜分为厚皮甜瓜与薄皮甜瓜两种。

厚皮甜瓜主要指可在我国西北露地栽培的新疆哈密瓜、甘肃白兰瓜等，对环境条件要求较高，喜干燥、炎热、温差大和强日照，栽培上表现为不耐湿、不抗病。我国东部夏季潮湿多雨，一般不能露地栽培，只能在早春或秋冬保护地内栽培，只有部分早熟品种可进行小拱棚甚至露地栽培。植株生长势较旺，叶片较大，叶色浅绿，果型较大，单果重 1.5～5.0 千克，果形有圆形、高圆形或椭圆形等，果皮较厚，不能食，有些有网纹。肉厚 2.5 厘米以上，可溶性固形物含量 12.0%～17.0%。种子较大，肉质细脆，品质好，耐储运，晚熟品种可储藏 3～4 个月。

薄皮甜瓜又称东方甜瓜、梨瓜、小瓜、脆瓜等，栽培上表现较耐湿，主要分布在我国东部夏季潮湿多雨的地域，如东北、华北、江淮流域、东南、华南等地，适于露地栽培，保护地栽培时易徒长。薄皮甜瓜株型较小，叶色深绿，小果型，单果重 0.3～1.0 千克，果形有圆形、梨形、卵形和筒形等，果皮光滑而薄，无网纹，有的有棱，皮色大致有白色、黄色、绿色、花色等类型，可连皮食用，一般肉厚 2.5 厘米以下，可溶性固形物含量 10.0%～13.0%。不耐储运，较抗病。

（三）薄皮甜瓜品种分类及特点

1. 蜜脆香园

由北京北农种业有限公司选育的极早熟薄皮甜瓜品种。从出苗到成熟 55 天左右，果实梨形，外观娇美，果皮光滑，果肉白色，肉质细腻，脆甜甘香，该品种果实耐储运，抗枯萎病，耐低温弱光，单果重 0.3～0.4 千克，果实中心可溶性固形物含量 18.5%～23%。

2. 京蜜 11

由北京市农业技术推广站选育的薄皮甜瓜新品种。该品种早熟，生育期 67 天左右，从开花到果实完全成熟需 25 天，早熟、丰产、稳产，抗病、耐湿、耐低温，容易栽培。果实梨形，成熟时果皮为玉白色带黄晕，外观娇美、艳丽光洁，果肉白色，风味纯正，肉厚腔小。肉质细腻，甜脆适口，香味浓郁，口感极佳。单瓜重 0.45～0.5 千克，可溶性固形物含量 15%～18%。适合春秋季露地和保护地栽培。

3. 久青蜜

由北京中农艺园种子有限公司最新育成的高端产早熟品种。植株生长势强健，抗病性强，耐低温，耐弱光，从开花到果实成熟 30 天左右。果实圆形至阔梨形，成熟后的果实为黑绿色，果肉碧绿，单果重 0.4～0.5 千克，每亩产量最高可达 4 000 千克。果实中心可溶性固形物含量 17%～18%。

4. 东甜 002

由东北农业大学园艺园林学院选育的中早熟品种。生育期 65～68 天，果实发育期 27 天左右，生长势强，耐低温，易坐果，耐储运，商品性好，果实椭圆形，成熟时黄白色，肉质细腻，香味浓郁，口感极佳，单瓜重 0.45～0.5 千克，亩产量 3 000 千克左右。果实中心可溶性固形物含量 12% 左右。

5. 博洋

由北京市农业技术推广站选育的杂交一代薄皮甜瓜品种。

糖度适宜、口感脆酥、风味清香、果肉较厚、果型匀称，果皮花纹清晰，坐果性极好，丰产稳产性好。中心可溶性固形物含量12%～13.5%，边缘可溶性固形物含量10.5%，脆酥，清香。中抗白粉病、霜霉病。

6. 绿宝2号

由郑州市中原西甜瓜研究所选育。全生育期65天，果实成熟期28天左右，耐低温，抗病性好，抗逆性佳。果实扁卵圆形，果皮表面光滑，果皮深绿色，口感酥脆。单瓜重0.3～0.4千克，果实中心可溶性固形物含量13%～15%。

7. 羊角脆

河北青县本地的土特品种。属于早中熟品种，全生育期80天左右，植株生长势强，子蔓结果，果皮浅灰绿色，瓜形为牛角状，果实长30厘米左右，果肉黄绿色，肉质酥脆，汁多味甜，单瓜重1～2千克，每亩产量4 000千克左右，果实中心可溶性固形物含量12%左右。

8. 盛世精爽

由齐齐哈尔市绿洲农业有限公司选育薄皮甜瓜杂交一代品种。成熟瓜阔圆形，乳白底色有黄晕。果肉厚且甜脆，香味浓，可溶性固形物含量18%～19%，从坐瓜至采收25天左右，单瓜重0.3～0.5千克。

（四）厚皮甜瓜品种分类及特点

1. 久红瑞

由合肥久易农业开发有限公司选育的早熟品种。全生育期95～110天，果实发育期32天左右，果皮鲜黄色，表皮光滑，皮质韧，耐储运。果肉白色，肉厚 3～4 厘米，瓤质细腻，味甜多汁。单果重 2 千克以上，果实可溶性固形物含量 15% 以上。

2. 苏甜一号

由江苏省农业科学院蔬菜研究所选育的中早熟厚皮甜瓜一代杂种。全生育期 100～107 天，果实发育期 35 天。果实高圆形，果皮乳白色，表皮光滑无纹，果肉雪白，肉厚 3.2～3.8 厘米，肉质软而多汁，香味浓郁，口感风味佳。单果重 1.5 千克以上，果实中心可溶性固形物含量 15% 以上。

3. 郁金香

由山东省农业科学院蔬菜研究所由国外引进的中早熟品种。全生育期 118 天，果实发育期 35 天左右，果皮浅黄白色，表皮有纹。果肉白色，柔软细腻，多汁，风味鲜美，肉厚 3 厘米以上。单果重 1 千克以上，果实中心可溶性固形物含量 15% 以上。

4. 京玉黄流星

由国家蔬菜工程技术研究中心（京研）选育的黄皮特异品种。全生育期 100～110 天，果实发育期 38～45 天。果实锥圆形，果皮浅黄色，上覆深绿色段条斑点，似流星雨状。果肉松脆，肉厚 4.1 厘米左右。单果重 1.4～2.5 千克，果实中心可溶性固形物含量 14%～15%。

5. 京玉月亮

由国家蔬菜工程技术研究中心（京研）选育的厚皮早熟品种。全生育期 95～110 天，果实发育期 32 天左右。果实高球形，表皮光滑细腻。果肉橙红色，肉质细嫩爽口。肉厚 3.6 厘米以上，单果重 1.2～2.2 千克。果实中心可溶性固形物含量 14%～18%。

6. 江淮蜜 7 号

由安徽江淮园艺种业股份有限公司选育的厚皮网纹晚熟新品种。全生育期 112 天，果实发育期 38 天左右。生长势强，易坐果，第 8～10 节坐果为佳，果实椭圆形，成熟果灰绿色覆密网纹，果肉橙红色，肉厚 3.0 厘米，肉质细脆，可溶性固形物含量 11%～17%，单果重 2 千克左右。每公顷产量 40 260～45 000 千克。耐热性较强，中抗白粉病和霜霉病。

7. 京蜜 7 号

由北京市农业技术推广站选育的厚皮甜瓜（哈密瓜类型）。全生育期 104 天，果实发育期 45 天左右。果实椭圆形，果皮黄色带有不规则网纹，果肉橘黄色，脆爽有清香味，肉厚 3 厘米左右。单果重 2～2.5 千克。果实中心可溶性固形物含量 16% 以上。

8. 中甜 2 号

由中国农业科学院郑州果树研究所选育的中早熟厚皮甜瓜。果实发育期 30～35 天。果实椭圆形，果皮金黄色，表皮光滑无纹。果肉浅红色，肉质具有哈密瓜风味，口感脆，肉厚 2.8～3.4 厘米。单果重 1.5～2.5 千克。果实中心可溶性固形物含量 14%～17%。

9. 库拉

由上海惠和种业有限公司选育的早熟、高糖度的细网纹甜瓜。长势旺盛，耐白粉病、蔓割病，网纹易形成，坐果能力强，栽培容易。果实正圆形，单果重 1.8 千克左右，果肉厚，呈黄绿色，上糖容易且可溶性固形物含量稳定在 15% 以上，口感香甜软糯，储藏性佳。

10. 西州蜜

中熟品种，全生育期春季115～125天，秋季95～105天，雌花开放授粉至果实成熟53～58天。苗期生长势健旺，极易坐果，嫩果为绿色，成熟时为浅绿色。果实椭圆形，果型指数约为1.22，单果重2.0千克左右，浅麻绿、绿道，网纹细密全，果肉橘红，肉质细、松脆，风味好，肉厚3.1～4.8厘米，中心可溶性固形物含量15.6%～18%。

第三章
西瓜、甜瓜实用技术

一、集约化育苗技术

（一）技术发展

北京市西瓜、甜瓜产业为首都供应特色农产品，成为北京农业的一项重要任务。大兴区是首都北京的西瓜主产区，优越的自然环境、瓜农丰富的种植经验以及丰厚的历史底蕴造就了“大兴西瓜”这一全国农产品知名品牌。2016 年大兴区西瓜育苗以瓜农自行嫁接育苗为主，占比达 90% 以上，育苗大户和育苗厂所占比重较小。因种苗供应涉及周边及北京市其他郊区县，育苗市场难以满足需求。随着种植业转型升级与西瓜产业化发展，具有标准化和体系化特点的西瓜集约化育苗技术所占有的分量越来越重。为了满足市场供应，大力推动大兴西瓜产业，势必要促进育苗产业的快速、健康发展。

集约化育苗产业具有专业化、规模化、标准化等突出特点，能展现出都市型农业的各种功能，在都市型农业建设中起到了展示示范新技术，带动高产高效生产，促进农民增收，提高西瓜、甜瓜产量等作用。因此，都市型农业建设促进了西瓜、甜瓜集约化育苗产业的发展，西瓜、甜瓜集约化育苗技术进步的同时也加快了都市型农业的建设步伐。近年来随着北京都市农业和西瓜、甜瓜产业的发展，集约化育苗亦有了长足发展。集约化育苗具有生产效率高、秧苗质量好、操作规范等特点，是现代园艺最根本的一项变革，为快捷和大批量生产提供了保证，能够有效提高育苗的效率和成活率，最终达到生产优质健壮种苗的目的。只有培育出标准化的健壮种苗才能在育苗市场占有一席之地，适应北京都市农业和西瓜、甜瓜产业的发展节奏。因此，培育优质西瓜、甜瓜种苗势在必行。此外，随着北京经济发展，农业用地逐渐减少，西瓜、甜瓜种植面积亦日渐萎缩。要在现有面积的种植土地上创造更大的效益，集约化育苗具有很大的发展空间。

2017 年，北京郊区县要求实现无煤化，这使得以前采用燃煤加温育苗的西瓜、甜瓜种植户不得不改变传统观念和育苗方式。以前，很多农户或在自家院内育苗，或在村口或是自己附近租用一些空地，建起半地下育苗棚育苗。但是，这些简易育苗设施均以燃煤方式取暖加温，造成了环境污染。随着消费理念和家庭结构的变化，西瓜、甜瓜种植基地和园区在种植品种、种植模式、销售手段上都发生了变化，西瓜、甜瓜种苗供应形势相应亦有了新变化，集约化育苗、小型西瓜份额增加明显。西瓜、甜瓜育苗逐步由一家一户分散育苗向种植大户集中。

北京市西瓜、甜瓜育苗产业虽然起步较晚，但是发展很快。北京市西瓜、甜瓜育苗主要集中在大兴区与顺义区，而集约化育苗则主要在大兴区。近几年，顺义区西瓜育苗主要为育苗场与育苗大户，共 7 个，育苗量共 500 万株左右，其余均为种植户自主分散育苗，没有大规模集约化育苗场。

2019—2022 年，大兴区持续进行西瓜集约化育苗基地的扶持建设，带动了大兴西瓜生产高产高效、促进农民增收。北京市西瓜集约化育苗场集中于大兴区。目前大兴区已建成西瓜集约化育苗基地共 15 家，其中育苗数量 400 万株以上育苗场 1 家，200 万～400 万株育苗场 3 家，100 万～200 万株育苗场 5 家，100 万株以下育苗场 6 家，年育苗量由 238 万株增加到 1 818.7 万株，增加了 664%。2022 年达到了 2 000 余万株，占全市集约化育苗量的 90% 以上。

（二）技术内容

1. 基质育苗

在育苗时，有些幼苗所需的营养成分是普通土壤无法满足的，此时就需要配置相应的营养土，以满足幼苗生长需要。随着集约化育苗产业的发展，大兴区西瓜育苗逐渐由营养土育苗向基质育苗转变。目前多采用混合栽培基质育苗，即多种栽培基质混合，具有使根系更容易快速生长、吸水透气性好等特点，可以满足育苗生长所需的多种矿质营养，疏松通气，增强保水保肥能力，可以更大程度提高育苗的成活率，且育苗基质质量更轻，便于运输。

西瓜、甜瓜集约化育苗技术是以草炭、蛭石、珍珠岩等轻基质，或营养土做育苗基质，用穴盘或营养钵做育苗容器，采用机械化精量播种、一次成苗的现代化育苗技术体系，集成了种子消毒处理技术、嫁接技术、管理技术等，具有操作简便、省工省力、节约种子和农药、秧苗健壮、效率高、成本低、便于规范化管理、适宜远距离运输等优点，并且能够增加产量和效益，因此，越来越受到西瓜、甜瓜生产者的青睐。

早春西瓜育苗，气温较低。同时西瓜苗期根系发生迟，须根量少。这就要求育苗的基质具有保水、持肥、透气等性能。应选用保水性能好的肥沃土壤，无砖瓦块等杂物，不含病菌、虫卵及草籽；但不宜从瓜地取土，以免多年重茬种植土壤带菌。营养土以入冬前挖取，经冬季冻晒风化后再配置为佳。为使配成的营养土松紧适度，既不散团伤根又不过于紧密，影响根系发育，应根据土质，用腐熟后的厩肥以适当比例混合。若土壤不够肥沃，还可加入适量充分腐熟的鸡粪、磷肥和钾肥。

自配育苗营养土比例，田土与草炭比例为 3∶1，或田土与充分腐熟的农家肥比例为 5∶1。将营养土过筛，为了避免育苗期间病害的发生，每立方米营养土（可育苗 1 000 株）加入 200 克多菌灵，搅拌均匀后，用农膜覆盖堆闷 2～3 天，再放置 1 周后即可装钵。

装土量标准为营养钵高度的 3/4，上松下实，有利于出苗和定植时营养土坨不散落。

成品育苗基质主要成分有草炭、珍珠岩、蛭石，这种育苗基质可用于穴盘育苗，也可直接播种，亦可与普通土壤 1∶1 混合种植。

2. 穴盘育苗

2016 年以前，大兴西瓜育苗 80% 使用营养钵育苗，小部分使用穴盘育苗。营养钵育苗具有钵体体积大、育苗土多、重量大、营养供给充足且定植后缓苗快等优点，但是营养钵育苗需配置大量营养土，费工费时，占用面积较大，且重量大，不便于销售运输。采用穴盘育苗可以提高育苗场的单位产出率，在相同的育苗面积时增加育苗的数量，提高产值，比营养钵育苗提高 354% 的产出率。因此，采用穴盘育苗是保证育苗场产出率和经济效益的基础条件。随着集约化育苗场的数量逐渐增多，大兴西瓜育苗逐渐从营养钵育苗向轻便、快捷、高效的穴盘育苗转变。目前，大兴西瓜集约化育苗生产已达到 100% 采用穴盘育苗。

育苗穴盘由塑料制成，有 21～200 孔等不同规格。西瓜、甜瓜育苗一般选用 32 孔（孔深 5.5 厘米，边长 6 厘米 ×6 厘米）或 50 孔（孔深 4 厘米，边长 4.5 厘米 ×4.5 厘米）最佳，盘底设有排水孔。育苗盘多用于中大型育苗场，方便倒苗和嫁接，省工省时，商品苗出售时便于运输。

3. 专业嫁接团队

嫁接是一项比较成熟的育苗技术，通过对西瓜的嫁接，提高西瓜商品苗的抗病性，可有效解决常年种植产生的连作障碍，降低土传病害发生程度，提高秧苗抗逆性，改善品质。嫁接技术和嫁接技术人员是每个苗场必不可少的一部分。大兴区是北京的西瓜主产瓜区，2016 年以前，大兴区西瓜育苗以瓜农自主育苗、自主嫁接为主。2017 年北京郊区县要求实现无煤化，种植户无法自主燃煤加温育苗，逐渐转向从育苗场购苗。随着育苗市场的需求逐渐增大，集约化育苗场逐渐转为雇用专业的嫁接技术团队进行嫁接。嫁接数量由 800～1 000 株 / 天，增长至 4 000～5 000 株 / 天，嫁接数量提高 300%～525%；嫁接成活率由 80% 提高至 95% 以上。专业化程度逐渐提高。

4. 干籽直播种子消毒

集约化育苗大力发展之前，西瓜育苗采用传统的温汤浸种方法对种子进行消毒后催芽。现在逐渐转变为采用种子消毒处理剂处理后干籽直播，可防止猝倒病及真菌性病害的发生，提高了种子的出芽率和整齐度，减少了苗期病害的发生，同时降低了苗场催芽雇工的劳务成本。

5. 自动化播种

随着西瓜集约化育苗发展，部分集约化育苗场机械化水平逐渐提高。从传统的低效率的人工播种向使用高效率的自动化播种机转变。自动播种设备可自动填装育苗基质后进行播种。采用自动播种设备播种效率大大提高。播种接穗，4 200 粒/（时·人），较人工播种提升了 110%；播种砧木，3 456 粒/（时·人），较人工播种提升了 361%。

6. 补光增温

早春气温低，容易出现低温寡照、雾霾等不利天气因素，而此时正是西瓜、甜瓜育苗时间，为了克服低温弱光环境对幼苗的影响，实施补光增温技术。通过安装补光增温灯，以西瓜、甜瓜苗期需光特点为基础，结合当地的日照条件和满足连续的光照需求进行 LED 补光；提供适用于日光温室植物生长的“光配方”，用于雾霾天、连阴雨天、漫长冬季等寡照环境的补光，为幼苗提供适合生长所需的光照条件，确保育苗光照充足，从而促进幼苗生长。

7. 育苗灌溉精量节水系统

针对西瓜、甜瓜苗期需水量特点，利用穴盘水分监测系统实时获取西瓜、甜瓜苗基质水分含量，进行穴盘苗灌水量预测，启动自动化灌溉单元；利用移动式喷灌单元带动喷杆喷头在温室内进行往返喷灌作业，通过灌溉控制系统实现变量喷施；利用手机 App 软件系统为用户提供灌溉管理方案，并实时查看、记录和查询灌溉数据；避免大水漫灌、洇畦造成地温骤降和育苗棚室湿度过大的问题。

（三）注意事项

集约化育苗技术由于育苗数量大，幼苗放置集中，在管理过程中要注意病虫害防治，以防幼苗间病虫害相互传播，造成大面积幼苗染病。

集约化育苗基质配制，要注意比例以及病害防治药剂的使用，防止从育苗阶段开始传播病害。

目前西瓜、甜瓜集约化育苗大部分采用贴接法嫁接。此种嫁接方法由于伤口面积大，贴合时如果砧木与接穗胚轴粗细相差较多，就会造成结合不完全，使伤口大面积外露，容易感染炭疽病，使砧木失去光合作用能力，从而造成成活率降低。

二、种子消毒处理技术

保护性耕地，由于空间限制和重茬导致作物容易造成病虫害的蔓延，不利于作物的高产与优质。所以在育苗前对种子进行消毒可有效降低种传病害对植物的为害。

（一）晒种法

可杀灭附着在种子上的病菌，促进种子后熟，增强种子活力，提高发芽率。选择晴天，将种子摊放在纸上或席上，厚度不超过 1 厘米，使其在阳光下暴晒，每两小时翻动 1 次。

（二）温汤浸种法

将西瓜种子放入 55℃的温水中，不断搅拌 15 分钟，期间应保持水温 55℃不变。55℃为病菌致死温度，可有效地预防西瓜花叶病毒病。搅拌后待水自然冷却后继续浸种 5～8 小时。

（三）药剂消毒法

1. 高锰酸钾消毒法

用 0.5% 的高锰酸钾溶液浸种 2 小时，或 3% 高锰酸钾溶液浸种 30 分钟，然后取出阴干后播种或进行催芽处理。

2. 多菌灵浸种消毒法

用 50% 可湿性多菌灵粉剂配制成 500 倍药液，浸种 1 小时后洗净，可防治炭疽病。

3. 漂白粉消毒法

将种子放入配好的 2%～4% 漂白粉溶液中，浸泡 30 分钟后用清水洗净，可杀死种子表面的细菌。

4. 西瓜杀菌剂消毒法

使用专用杀菌剂（1 毫升装）稀释 500～700 倍液（现配现用），浸泡西瓜种子 1 小时（以没过种子为宜），然后用清水冲洗 4～5 次，每次用水量约为药剂用量的 10 倍，每次用水浸泡时间为 10 分钟左右，或流水冲洗 30 分钟，冲洗过程中不断搅拌种子，可有效减少西瓜细菌性病害发生。

5. 西瓜种子包衣剂消毒法

称量100克西瓜种子或者数出2 000粒西瓜种子放入准备好的塑料自封袋（塑料自封袋的大小为A4纸的一半左右）中，保证自封袋的密封性良好，不发生漏气现象。将5毫升药剂震荡摇匀，摇匀时间为1分钟，然后将药剂倾倒进自封袋中。将自封袋拉扣封上，但在完全密封前需要保证塑料自封袋中具有一定体积的空气（自封袋中的空气尽可能地多），随后保证塑料自封袋完全封严。用手握住塑料自封袋均匀摇晃，摇晃时间为5～10分钟，使自封袋中的种子表面均匀覆盖上药剂。将包衣后的种子从塑料自封袋中倒出，放在阴凉通风处，把种子晾干，时间为2小时。

6. 药剂消毒

可防止猝倒病及真菌性病害的发生。种子包衣剂消毒后的种子晾干后可直播，但在播种时一定要使营养钵或穴盘内的营养土含水量达到饱和状态，达到可使干种萌发的水分含量。

重要提示：药剂消毒法尽量选择种皮完好的种子，以免产生药害，伤害胚芽。

目前，集约化育苗生产多采用种子包衣剂消毒干籽直播，能有效提高种子的出芽率和整齐度，减少苗期病害发生，同时还能降低苗场催芽雇工的劳务成本。

三、嫁接技术

目前利用率比较高的嫁接方法有贴接法、顶插接法、靠接法。

（一）贴接法

先将接穗沿根部剪下放到盛有洁净水的小水盆中。取砧木，先用刀片切去生长点，然后在两子叶 1/3 处，用刀片向另一侧呈 30° 角切下，刀口长 0.7～1 厘米，紧接着，从小水盆中取接穗用手捏住两片子叶，另一只手拿刀片，在子叶下方 0.7～1 厘米处向下呈约 30° 角斜切下，刀口长 0.7～1 厘米。将砧木刀口与接穗刀口相贴，一侧表皮对齐，然后用嫁接夹夹好。用小喷壶喷水。目前，大兴西瓜集约化育苗场多采用贴接法嫁接，因为此法操作难度小、易掌握，且嫁接速度快、易成活。而且，多采用适苗嫁接，即接穗子叶长至一角硬币大小时开始嫁接，有效提高嫁接苗的成活率。

（1）优点。该嫁接法与顶插接法相比嫁接速度较快，嫁接期可提前 3～5 天，嫁接技术较简单，砧木和接穗的接触面较大，对以后营养体生长有利。

（2）缺点。嫁接时需削去一片子叶，造成嫁接伤口愈合期光合面积明显减少，导致嫁接苗偏弱。

（二）顶插接法

取接穗去根后放入盛有洁净水的小水盆中。取砧木先用刀片将第一片真叶和生长点自生长基部削去。选与接穗下胚轴粗细相近的竹签，在砧木子叶一侧以 35°～40° 角向斜下方插入，竹签半圆面朝上，平面朝下。插入竹签时，用另一只手捏住砧木下胚轴，当手指感觉到竹签尖时即可。一般深度为 0.5～1 厘米，不拔竹签。在水盆中取接穗，在接穗子叶下约 1 厘米处向下削去下胚轴表皮，再反转接穗从背面子叶下 1 厘米处向下 30°～40° 角斜切第二刀，侧面长度与已插孔相同。拔出竹签，将削好的接穗斜面向下迅速插入砧木的孔中，与砧木孔周围尽量贴合。为保证成活率，插切动作应快而准，嫁接环境要遮阴背风，空气温和湿润。嫁接苗要及时喷水保湿，扣严棚膜遮阴。如果嫁接前 2～3 天对砧木苗进行摘心，可使砧木下胚轴明显增粗，有利于提高嫁接苗的成活率。

（1）优点。嫁接比较简单，嫁接速度较快，嫁接口砧木和接穗接触面大。

（2）缺点。嫁接后伤口愈合期对温度、湿度、光照的要求较严格，管理不当常造成嫁接苗成活率低，容易出现假活。

（三）靠接法

取已长至子叶展开的砧木及接穗，先抹去砧木的生长点，随后在砧木子叶下胚轴 1.5～2 厘米处，用刀片向下呈 35°～40° 角斜切一刀，深度达砧木下胚轴的 2/3，随后在接穗的子叶下 1.5～2 厘米的位置向上呈 35°～40° 角斜切一刀，深度达接穗下胚轴的 2/3，将砧木和接穗的舌形切口镶嵌，用嫁接夹夹好，最后用小喷壶喷水两三下，该苗嫁接完成。还有一种培育靠接砧木及接穗的方式，即砧木播在营养钵内，接穗播在育苗盘内，靠接时将接穗带根拔起，靠接后将接穗根系埋入营养钵内，浇少量水使接穗根系仍能提供水分，以便维持嫁接口的愈合。采用这种方式，接穗苗要播得稍密一些，让接穗的下胚轴长高一些，便于靠接。嫁接成活后 10～12 天，需将接穗的根断去，如不断去接穗的根，易使嫁接西瓜受到枯萎病侵染。

（1）优点。嫁接成活率高，嫁接技术简单，接后的嫁接伤口愈合期管理对温度、光照要求不是很严格。从播种到成苗比顶插接方式少 10～15 天。

（2）缺点。嫁接时砧木与接穗的接触面与前两种接法相比偏小，营养体较弱，不利于高产栽培。

（四）嫁接后管理

1. 温度管理

育苗棚温度，白天 26～32℃，夜间 18～22℃。温度过高或过低都不利于嫁接伤口愈合，并影响嫁接苗成活率。15℃低温条件下，嫁接苗愈合推迟 1～2 天，成活率下降 5%～10%；32℃以上高温条件下，愈合缓慢，成活率降低 15% 以上。因此，早春低温期嫁接，应采取增温保湿措施。苗床应设在日光温室、塑料薄膜拱棚等保护设施内，并架设塑料小拱棚或者二层天幕，同时配备苇席、草帘和遮阳网等遮光物。若地温低，苗床还应铺设地热线，以提高地温。一般嫁接后 10 天，幼苗成活，温度调节进入常规育苗所需温度。

2. 湿度管理

嫁接后 1～3 天，棚内湿度应保持在 95%～98%，第 4 至第 6 天棚内湿度降为 90%～95%，嫁接后 7～10 天湿度降为 85%～90%，嫁接 10 天后降为 80%～85%。如果湿度不够，嫁接后立即向苗钵内浇水，并移入充分浇水的小拱棚内，严格密封，以达到湿度要求。

3. 遮阴管理

为了防止高温和保持苗床湿度，嫁接后 3 天内要在拱棚上加盖遮阳网进行遮光；第 4 至第 6 天，每天早晚各减少 1 小时覆盖；第 7 天只在中午遮阴，遮挡中午的强光照，以后则不需遮阴。遮光是调节床内温度，减少蒸发，使瓜苗不萎蔫的重要措施。如遇阴雨天，光照弱，可不加盖遮光物。

4. 去除不定芽

嫁接 5～7 天后，砧木开始长出不定芽，要及时去除。注意不要切断砧木子叶。

5. 断根

采取靠接法嫁接，嫁接苗成活后，需对接穗及时断根，使其完全依靠砧木生长。一般在嫁接后 10～12 天断根。

6. 倒苗

由于嫁接苗嫁接时砧木的粗细、大小以及接穗大小不一致，成活后秧苗质量也存在差别，嫁接后 12～15 天倒苗，可以筛出弱苗，采取分级管理，使秧苗生长一致，提高好苗率。同时，倒苗可断掉扎出营养钵的根系。

7. 去夹

嫁接苗成活后，嫁接时用来固定嫁接接口的嫁接夹应及时去除。注意时间不要太早或太晚。去除太早，易使嫁接苗在移动时从接口处折断，尤其是以靠接法嫁接的嫁接苗；去除太晚，嫁接夹则会影响根茎的生长发育。所以应根据具体情况适时去除嫁接夹，有些育苗场不去除夹子，幼苗带夹出售，直接带夹定植，能有效降低幼苗损伤和促进缓苗。

8. 炼苗

定植前进行炼苗是西瓜育苗过程中不可缺少的环节。通过炼苗可以增强幼苗的适应性和抗逆性，使瓜苗健壮，移栽后缓苗时间短，恢复生长快。西瓜幼苗经过锻炼，植株中干物质和细胞液浓度增加，茎叶表皮增厚，角质和蜡质增多，叶色浓绿。因此，瓜苗抗寒抗旱能力较强，定植后保苗率高，缓苗速度快。

炼苗前，选晴天浇一次足水（炼苗期间不要再浇水）。定植前5～7天开始炼苗，逐渐加大通风量，使床内温度降低到20℃左右，电热温床应减少通电次数和通电时间。在此期间一般不再盖草帘，塑料薄膜边缘所开的通风口夜间也不关闭。棚温白天20～25℃，夜间12～15℃。随着外界气温的回升，当定植前2～3天温度稳定在18℃以上时，苗床除掉所有覆盖物（电热温床停止通电），使瓜苗得到充分锻炼。如遇不利天气，如大风、降雨、寒流、霜冻等，则应立即停止炼苗，并采取相应防风、防雨、防寒、防霜的保护措施。另外，如果炼苗时间已达到要求，但因天气不良或突然遇到某种特殊情况时，可暂时不定植，在瓜苗不受冻害的前提下，继续进行锻炼。

四、设施西瓜早春天幕覆盖技术

华北地区春季温度较低，设施大棚、日光温室若要提早种植，提高温度就成为西瓜栽培的关键技术之一。用煤、电加温消耗较高，应用双膜覆盖技术可提高棚温3～5℃，用煤、电辅助加热，可大大降低成本，适用于塑料大棚和日光温室西瓜生产。

（一）技术内容

在西瓜定植前20天扣上大棚外膜。在距棚顶向下30厘米处，沿棚纵向吊 12 号或 14 号铁丝，共吊 3～5 条。再由上向下 60～70 厘米处，吊第 2 层天幕铁丝，方法相同。然后沿棚横向用 0.014 毫米流滴膜覆盖，两头拉紧，用土压好，中间接缝用大号塑料夹子夹好（也可纵向铺膜，优点是省工，但膜上易积水），双层天幕覆盖完毕。需要说明的是，在定植不是特别早的地区可用 1 层天幕覆盖即可。定植后，夜间最好用草帘将棚四周围上，棚内四周围 1 层旧塑料膜。为使瓜苗长势一致，在棚两边加扣 3 米拱棚，中间加扣 2 米拱棚，保温效果更佳。在北京地区，冷棚定植时间可在 2 月下旬或 3 月上旬，4 月初根据天气撤下第 1 层膜，4 月中下旬可根据天气撤掉第 2 层膜，其他地区可根据天气参照。双膜成本 300～400 元，定植时间可提前 10～15 天，成熟期提前 7～10 天，为提高经济效益打下了基础。

目前，针对早春冷棚提早定植还可采用“四膜一毡”技术，即在双层幕基础上加盖一层小拱棚、一层地膜与一层布毡，以提高瓜苗周围环境温度，促进及早缓苗。

（二）温度管理

在管理上重点是放风。由于使用双膜覆盖热量容易积累，白天温度在 22～25℃时要放小风口，晴天在 9 时后温度上升较快，要及时放风。双层天幕每隔 1 个棚竿先打开一段第 1 层天幕的塑料夹子，待温度继续升高时，再打开一段第 2 层顶风天幕的夹子，如果温度继续升高，再适当打开棚外膜风口。

五、大棚天窗放风技术

（一）技术内容

设施大棚温湿度调节是早春西瓜、甜瓜生产的关键管理技术，温度高湿度大不利于西瓜、甜瓜生长，同时也是病虫害发生、发展的主要原因。

20 世纪 80 年代推广设施春大棚时，推广使用四块薄膜覆盖的大棚，可以放底脚风、腰风和顶风，但在运用中发现开顶风口存在日晒时间长导致顶风口薄膜变形、下雨容易积水和棚高、开关风口时够不到的问题。因此，逐渐将两块顶膜改成一块。棚内温度升高时，采用腰部和底脚放风。但是顶部无法放风，对早春西瓜生长极为不利。早春棚室温度、湿度升高，底脚放风容易闪苗，造成短时间冻害，不利于瓜苗生长；腰部放风，冷热空气对流，时间长，会造成两边温度低中间温度高，边部西瓜出现裂瓜、厚皮、大小不均等现象。为确保西瓜高产，减少病害发生，大兴区种植业技术推广站专家与庞各庄镇西瓜、甜瓜种植能手经过几年研究、试验、改进，共同开发研制了春大棚顶风放风装置，在北京各区县安装了上万套。天窗放风装置成本低，个人制作 150 元 / 个，定做 270 元 / 个。每个农户均能承担。经试验测试，安装顶风放风装置后可在 30 分钟内将棚温由 38℃降低到 33℃，湿度由 80% 降低到 55%，而未安装天窗的大棚需要两个小时才能降温。应用天窗放风装置，可有效地控制棚内温、湿度，尤其是西瓜授粉期间，可促进果实坐果，保障西瓜、甜瓜在适宜的环境中生长。同年，该项技术获得了国家实用新型专利，专利号为：ZL2014 2 0674452.3。

（二）技术优点

保护地西瓜生产普遍采用底脚放风或腰部放风的方式。在早春采用底脚放风容易出现闪苗情况，而在腰部放风，湿热空气容易聚集于棚室上部，造成放风不佳的问题，使棚室内温、湿度过高从而引发多种病害。天窗装置安装后则可有效降低棚室内温、湿度。具体优点如下。

（1）避免早春气温较低期间开底脚风和腰风带来的闪苗问题。

（2）解决在晴朗炎热天气情况下，尤其是在坐果期棚室放风效果不佳，给授粉带来不易坐果的问题。

（3）快速降低棚内温、湿度，解决高温、高湿环境引起的病害频发问题，使西瓜、甜瓜生产更加绿色健康。

（三）注意事项（在原有春大棚安装天窗）

（1）按大棚拱梁间大小隔尺寸制作天窗，将天窗架在大棚拱梁上固定好。

（2）将原有大棚膜用剪刀剪下比天窗四周均小 15～20 厘米的洞口，将棚膜与天窗用钢卡子卡好。

（3）最后再将大棚安装天窗部分棚膜固定好。

六、设施西瓜蜜蜂授粉技术

（一）授粉前准备及注意事项

西瓜在上架前最好将瓜蔓对爬上架，或是双行定植将瓜蔓吊在对面行吊绳上，目的是降低坐瓜高度。立架栽培小果型西瓜在授粉前整枝，是提高西瓜授粉效率的措施之一，除单蔓整枝外，一般留第 3 或第 4 片叶的侧枝，不要过早打叉。西瓜团棵期至伸蔓前期瓜苗小，叶片少，叶面积小，过早整枝会影响西瓜光合作用，使西瓜根系不发达，造成植株长势弱。而在花期前一定要将多余的枝条打掉，严禁疯长。为保证西瓜产量，一般选择第 2 或第 3 雌花坐果。授粉前 15 天内，严禁使用杀虫剂、杀菌剂，以免伤害蜜蜂影响授粉。

（二）蜜蜂授粉

在授粉花开花前 1～2 天将蜜蜂箱搬进棚，正常棚面积建议使用 1～2 箱授粉蜜蜂，每箱保持在 2 500～3 000 只健壮蜜蜂，蜂箱内子脾与工蜂要匹配（最好有蜂王）。立架栽培小果型西瓜蜜蜂授粉时，将蜂箱放在距离棚前 1/3 和棚后 1/3 处，并且将蜜蜂蜂箱放在垫高至距离地面 80～100 厘米处，蜂箱门朝南打开。在对着蜂箱的两边及顶部打开约 2 米的风口，便于蜜蜂出入。

（三）授粉蜜蜂的饲喂

蜜蜂饲喂最好由蜂场在蜂箱内加好饲料（糖脾或蜜脾），如果蜂场不加饲料，则需用蜂户添加。用蜂户每天要向糖槽中添加白糖浆，确保蜜蜂进食。白糖浆配制：用 500 克水加 300 克白糖，将糖水熬成稀糖浆，放凉后添加在糖槽中，剩余的糖浆放在冰箱中保存备用（注意：不能把白糖加水融化就喂食蜜蜂，也不能用变质的糖浆喂食蜜蜂）。蜂箱旁放置一个盛水容器，每天更换清水，水上浮一些小木条或者其他漂浮物，以便蜜蜂饮水。

（四）蜜蜂授粉期温、湿度管理

授粉蜜蜂在 12～30℃才能正常飞行觅食，而西瓜花粉萌发温度为 18～38℃，因此，蜜蜂授粉西瓜温度应该为 18～30℃。湿度直接影响着蜜蜂授粉西瓜坐果及坐果后西瓜形状，花前干旱会造成花蕾小，瓜胎干瘪，不易授粉或造成落花落果，即使授粉后坐果也会化瓜、歪瓜，必须保证花前水肥充足，为雌花孕育创造良好条件。花期最适宜的湿度应为 60%～70%，过干花期不遇，过湿瓜秧徒长，在西瓜苗期和伸蔓前期要控水，伸蔓后期浇水保证花期要求的土壤湿度，花期不要浇水。

（五）及时疏果

蜜蜂授粉结束后，除预留的果实外，将多余的幼果及时疏去，以保证西瓜营养生长与生殖生长平衡。疏果不及时不仅会造成养分浪费，而且会严重影响西瓜产量。

七、小果型西瓜单行密植栽培技术

小果型西瓜单行密植栽培技术是在小果型西瓜早熟立架式栽培技术的基础上发展而来的。它采用双蔓整枝方式，缩小了株距和行距，明显提高了定植密度。这种方法具有高产、适合观光采摘等特点。单行密植栽培由于植株间距小，与传统栽培模式相比，对水肥的需求量较高，在植株生长的重要时期要适量浇水、追肥，保证充足的营养供应；小果型西瓜密植栽培要留有足够的行距，增大通风透光的空间，以棚宽为 11.5 米的棚为例，每棚定植 8 行，在棚两边行距为 0.9 米，第二行距（含畦面）为 1.3 米，第三行距为 1.5 米，第四行距为 1.3 米，第五行距为 1.5 米，第六行距 1.3 米，第七行距为 1.5 米，第八行距 1.3 米。品种选用生长势稳定、不易徒长的品种，如北京地区的 L-600、京美 2K 和北农佳丽等。

该技术采用单蔓整枝，主蔓绑蔓上架，留一条侧蔓在畦上不上架。绑蔓方法采用一绳两蔓加一绳一蔓的方法，这样可增大透光空间，保障西瓜足够的光照。主蔓留果处雌花开放后去掉侧蔓生长点，使之作为营养枝。一茬每株留 1 个果，果实坐住后在主蔓坐果节位以后留 12～15 片叶，去除生长点。至一茬果七八成熟时主蔓留 2～3 条侧蔓，选择两条生长势相近的侧蔓开花后进行人工授粉。此种方式一茬果为主蔓坐果，加上应用双层天幕覆盖技术，可提前成熟，北方地区一般 5 月 20 日成熟，单果重一般在 1.8～2 千克，每亩产量为 4 800 千克；二茬果由于外界气温较高一般 28 天即 6 月 20 日左右成熟，每亩产量为 2 000～3 000 千克。

八、春茬小型西瓜割蔓留果技术

早春种植小果型西瓜容易出现植株早衰现象，并且二茬果时由于温度高、湿度大，容易发生白粉病、霜霉病，出现红蜘蛛等对植株生长为害较大的病虫害。因此，小果型西瓜可以应用春茬割蔓留果技术防止植株早衰，增强植株抵抗力。

11月左右开沟，沟深35～45厘米，宽65厘米，沟距1.5米。定植前15天施用底肥，每亩使用腐熟鸡粪5立方米和磷酸二铵35千克。回土作高畦，畦面宽60厘米左右，高15～20厘米。在定植前7～10天为棚室添加1～2层天幕，使定植时间尽量提前，双行定植，株距0.45米，行距1.5米，每亩可定植1 500株左右。三蔓整枝，两条侧蔓上架，主蔓沿种植畦地爬。两侧蔓留果，授粉完成后摘去主蔓生长点，在小西瓜长到0.5千克左右时，即侧蔓在瓜后保留12片叶以上时，摘去侧蔓生长点。其他管理与小西瓜立架栽培方式相同。

一茬果采收完成后，将瓜秧从距离地面10厘米左右处剪断，当原瓜秧长出新蔓时选择两条瓜蔓，一条作为坐瓜蔓，一条作为营养枝。二茬果第2和第3雌花处坐果，由于植株根系容易老化、种植温度高等问题容易出现畸形果，果实质量偏小，建议于第1雌花处留果。采用此种方式种植，北京地区第一茬西瓜可在5月中下旬或6月初成熟，二茬果在7月底上市。此时正是北京地区西瓜销售市场的空档期，有助于种植户增加收入。

九、节水技术

北京市水资源自然禀赋不足，年人均水资源量仅150立方米左右，远低于国际公认的300立方米的极度缺水标准，水资源严重短缺是北京市的基本水情。近年来，北京市政府出台了一系列保护水资源及其合理利用的政策法规，按照《北京市"十四五"时期污水处理及资源化利用发展规划》要求，北京市将重点推进生产生活用水再生水替代，逐步实现市政杂用、园林绿化、工业、服务农业高效节水示范项目的建设，积极利用现代科技，推广喷灌、微灌等现代农业节水灌溉技术业用水应供尽供、可替尽替。北京市采取了工程节水、管理节水、农技节水等措施，经过多年的推广应用，节水灌溉技术在推进北京市农业节水和西瓜、甜瓜增产方面起到了积极作用，取得了明显成效。

现代化农业节水技术具有良好的节水效果，可以极大提升水资源的利用效率，具有显著的社会效益和生态效益，但经济效益并不明显，对处于经济弱势地位的农民而言，应用成本是当前制约农业节水技术推广的主要瓶颈，当下北京地区农业用水基本上属于无偿使用，这种传统的农业水费"暗补"模式，带来的往往是农业用水的低效率，同时农业用水主体无法通过节省水资源费的途径弥补节水技术的成本投入，激励作用极为有限。要破解这一难题，就需要政府制定相配套的节水补贴及管理制度，明确农业节水工程设施管护主体，落实管护责任，完善农业用水计量设施，加强水费计收与使用管理，并完善农业节水社会化服务体系，打造水权交易平台，合理确定灌溉用水定额，并建立必要的资金物资激励机制。

通过建立水权交易平台，实现政府水利管理部门、社会与个人在成本和利益方面的一致。以“水权”的形式进行交易，在农村地区建立完善的水权制度和水权交易市场，超额使用水资源，水利管理单位与农民共同承担超额用水惩戒措施，节约下来的水资源所得的收益奖励水利管理部门和农民，将水利管理单位与用水的农民结成利益共同体，从制度层面实现水资源高效利用。节约水资源所收奖励不应仅以资金为主，还应与节水设备耗材相联系，实现良性循环，通过利益杠杆刺激用水者的节水意识，打破传统的农业水费“暗补”模式，起到限制超额用水和肆意浪费水资源的行为，又不至于对农村困难户的生活造成较大的影响。

制定农业用水的宏观指标和微观定额制度。宏观指标一般为测定该地区的正常用水量，以此为基数，确定农业用水的节约率及相应的考核指标，并对政府水利管理部门进行考核。微观定额则具体到各村个户，形式上应适合产业结构及用水需求，可按照种植棚室进行定水定额，如《北京市推进“两田一园”高效节水工作方案》规定，设施作物每年用水量不超过 500 立方米 / 亩，粮田、露地菜田每年用水量不超过 200 立方米 / 亩，鲜果果园每年用水量不超过 100 立方米 / 亩。也可根据本地实际情况，如基本以西瓜为主，则以西瓜作物需求作为本地的定额标准，促进本地优势行业整体有序发展。

（一）传统农艺节水技术

1. 低压管道输水灌溉技术

低压管道输水灌溉技术简称“管灌”，是利用低压管道代替渠道输水的一种灌水方法。低压管道输水灌溉是指在井灌区，利用水泵抽取井水，以管道代替明渠，通过压力管道系统，将水送到田间沟畦来灌溉农田的一种灌溉技术。低压管道输水灌溉可以减少水在输送过程中的渗漏和蒸发损失，省水、省时、省工、省地、省电，便于管理和机耕，农民常形象地称为“田间自来水”。管灌是我国北方地区发展节水灌溉的重要途径之一，管道系统水利用系数在 0.95 以上，比土渠输水节水 30% 左右；能耗减少 25% 以上，并且低压管道输水与节水型地面灌溉结合会有更好的节水效果，颇受农民群众欢迎。在节水设施薄弱的地区，大力发展低压管道输水灌溉技术是节水灌溉的重要途径。

低压管道输水灌溉系统一般由水源、水泵及动力设备、输水管网、出水装置等几部分组成。水源应符合农田灌溉的水质标准；按用水量和扬程的大小选择适宜的水泵，动力机多选用电动机或柴油机；输水管网可以采用混凝土管、塑料管等，与相应的管件组合在一起，构成一级、二级或多级的输水管网。地埋管道以 PVC 塑料管道应用最多，并设安全保护装置，包括安全阀和进排气阀等。

2. 渠道防渗输水灌溉技术

渠道防渗输水技术就是在渠床上加做防渗层，或通过夯实来降低渠床土壤渗水性能，达到减少渗漏损失的目的。防渗渠道主要包括砌石渠道、混凝土衬砌渠道、土料渠道、塑膜类衬砌渠道等。

（1）砌石渠道。砌石防渗技术有很好的抗冷缩和热胀性，同时还具有一定程度的抗冲击性。砌石防渗技术的使用能有效提高渠道防渗水平，砌石防渗还有很好的经久耐用性，主要适用于水流较急的渠道。砌石防渗技术在工程施工中，可以直接修砌在渠道基床上。在砌石铺设开始之前，铺设一层水泥砂浆，这样就大大提高渠道防渗水平。砌石渠道的砌石防渗层出现沉陷、脱缝、掉块等情况时，应将破损部位拆除，冲洗干净，再选用质量、大小适合的石料，坐浆砌筑。对于裂缝，可用水泥砂浆重新填筑、灌浆处理。

（2）混凝土衬砌渠道。混凝土防渗技术是一种常见的渠道防渗方法，也起到了良好的防渗效果，它防水抗冲刷能力强，能够达到水利工程要求的强度，使用时间长，水资源输送能力强，同时对气候和环境没有严苛的要求。混凝土防渗技术也有自身的缺点，即在工程地沙石较少时，增加工程投入成本，降低了施工单位的效益；混凝土衬砌板在发生变形时，可能会影响使用，也造成施工成本的增加。在混凝土防渗工程施工中，要加入适量的强化剂和干化剂，提高混凝土的性能。在混凝土预制板完成初期，要进行覆膜处理，当预制板达到要求后再进行拆模处理，当强度达到了设计要求后，进行预制板的运输。在工程砌缝中，使用水泥砂浆进行填缝，一般是选用 1∶2.5 水泥砂浆进行接缝处理。在工程施工完成后，还要定期对工程进行维护和保养，提高工程的使用年限。混凝土衬砌渠道的防渗层产生裂缝时，可用过氯乙烯胶液涂料粘贴玻璃丝布进行修补或采用填筑伸缩缝的方法修补；对于砌筑缝的开裂、掉块等病害，凿除缝内水泥砂浆块，重新填塞水泥砂浆；对于混凝土防渗板表层的剥蚀、孔洞等，可采用水泥砂浆修补；对于防渗层的破碎、错位等，应拆除损坏部位重新砌筑。

（3）土料渠道。土料防渗最大的优势就是可以在施工当地取材，这样就直接降低了工程的资金投入，同时可以使用机械进行工程作业，施工比较简单。但是，也存在自身的弊端，例如，容易受到冷冻低温环境的影响，直接导致工程中防渗层疏松，失去防渗能力。所以土料防渗只能适应中小型的渠道防渗工程中，在土料防渗施工当中，要先对土料进行粉碎，使土料大小均匀，再对土料进行筛选，以便于保证土料的纯净性，达到工程施工使用要求的土质。在施工当中，要求土料干湿搅拌均匀，这样施工建设的土料工程才能更加坚固和耐用。土料防渗层的厚度至少要大于 15 厘米，同时在施工当中要分层进行铺设，在铺设中要达到土料施工的技术要求，土料渠道的土料防渗层出现裂缝、破碎、脱落、孔洞等，应将这些部位凿除，清扫干净，用与原来防渗层相同的素土、灰土、水泥土等材料回填夯实，整修平整。

（4）塑膜类衬砌渠道。膜料防渗具有其自身优势，在水利工程中，施工材料成本低，使用方便，体重较轻，便于运输且运输费用低，在施工中使用也较方便快捷。膜料材料还有一个最主要的特点就是具有很强的变形能力，可以适应各种地形，并且还具有一定强度的抗腐蚀性。膜料防渗材料自身最大的缺点就是抵抗穿刺能力比较差，容易发生老化和风化现象，不适合长时间使用。在施工过程中，要特别注意膜料自身的完整性，如发现破损要及时进行处理和更换。在渠道铺设膜料时，要先对渠道中的杂草进行清理，再根据渠道的大小，对膜料进行加工以便于适应渠道的覆盖面积，在铺设时要保证膜料的平整，最大限度地发挥膜料防渗的作用。塑膜类衬砌渠道正常运行通水时，要控制水位上升或降落速度。开闸时要分次加大；停水时进水闸要逐渐关闭。保护层出现裂缝或滑坍时，可按相同材料防渗层的修补方法进行修理。

3. 节水型畦灌技术

目前，宽畦大水漫灌现象仍然存在，造成水源的极大浪费。节水型畦灌成为目前农民改变传统种植模式的重要方式。

精细地面灌溉方法的应用可明显改进地面畦（沟）灌溉系统的性能，节水、增产的效果明显。高精度的地面平整可使灌溉均匀度达到 80% 以上，田间灌水效率达到 70%～80%，是改进地面灌溉质量的有效措施。新型地面灌溉的方式有以下几种。

（1）改进输水畦面。平整土地，设计合理的沟、畦尺寸。平整土地是提高地面灌水技术和灌水质量，缩短灌水时间，提高灌水劳动效率和节水增产的一项重要措施。结合土地平整，进行田间工程改造，改长畦（沟）为短畦（沟），改宽畦为窄畦，设计合理的畦沟尺寸和入畦（沟）流量，可大大提高灌水均匀度和灌水质量。

（2）改进地面灌溉湿润方式，发展局部湿润灌溉。改进传统的地面灌溉全部湿润方式，进行隔沟（畦）交替灌溉或局部湿润灌溉，不仅减少了棵间土壤蒸发占农田总蒸散量的比例，使田间土壤水的利用效率显著提高，而且可以较好地改善作物根区土壤的通透性，促进根系深扎，有利于根系利用深层土壤储水，兼具节水和增产双重特点。

（3）改进放水方式，发展间歇灌溉。改进放水方式，把传统的沟、畦一次放水改为间歇放水。间歇放水使水流呈波涌状推进，由于土壤孔隙会自动封闭，在土壤表层形成一薄封闭层，从而加快水流推进速度。在用相同水量灌水时，间歇灌水流前进距离为连续灌的 1～3 倍，从而大大减少了深层渗漏，提高了灌水均匀度，田间水利用系数可达 0.8～0.9。

4. 覆膜沟灌施肥技术

覆膜沟灌施肥包括膜上沟灌施肥（适宜偏沙质土壤）、膜下沟灌施肥（适宜于偏黏质土壤）。膜上沟灌施肥是将地膜平铺于畦中或沟中，畦、沟全部被地膜覆盖，利用施肥装置及输水管路在地膜上输送水肥混合液，并通过作物的放苗孔和灌水孔渗入到作物根部的灌溉施肥技术。膜下沟灌施肥是将地膜覆盖在灌水沟上，利用施肥装置及输水管路将水肥混合液从膜下灌水沟中输送到作物根系附近的灌溉施肥技术。覆盖地膜后，土壤表面蒸发的水汽在膜上凝结，再次滴入土壤中，形成了小范围的水分循环，大大降低了土面蒸发。同时地膜可以有效反射地面长波辐射，起到保温作用，更有利于地温的提升。在膜上沟灌中，灌溉水通过地膜流入作物根系附近，大幅降低了输水过程中的无效渗漏，提高了灌溉水利用率。

覆膜沟灌技术投资小，简单易行，可节水 20%～30%，减少肥料的淋洗，且降低设施内湿度，减少病虫害的发生。该技术适用于小高畦宽窄行种植的作物，可以有效提高作物的产量和品质。

采用线性低密度聚乙烯塑料软管（LLDPE 塑料软管），选

择 φ100（充水后直径为 100 毫米）的软管作为主管路，主管路上正对每个灌水沟处配一长 30～50 厘米的 φ50 支管。支管伸至灌水沟的膜下（膜下沟灌）或置于灌水沟的膜上（膜上沟灌）。灌水时可以同时打开 4～5 个支管，灌完一沟后将其对应的支管折叠即不再出水。该输水管路可以方便地将水输送至每一灌水沟，还可通过调整支管的位置适应不同的株行距。

为在覆膜沟灌条件下实现水肥一体化，可将施肥装置与输水管路进行组装，通过在输水管路的首部安装文丘里施肥器或压差式施肥罐，将肥料溶于灌溉水中，并随灌溉施入作物根系附近。

大兴区西瓜、蔬菜全部采用地下水灌溉，滴灌水肥一体化虽然是节水灌溉的首选，但在大兴区应用面积不足 10%，剩下的 90% 都采用传统灌溉方法。即通过水泵抽取到地上后，通过土砌水渠将水引到种植作物行间进行灌溉，这种传统灌溉方法通过地下渗漏和地面蒸发蒸腾在输水过程中造成水资源的严重浪费。

技术人员针对目前农村灌溉现状，为减少农户灌溉在输水过程中水资源浪费现象，经过前期周密的调研和材料筛选及规格的选择等一系列工作，自行设计“M”畦 +“小白龙”水肥一体化技术模式，并开展试验示范、技术培训等相关工作，在大兴区率先应用。

“M”畦 +“小白龙”水肥一体化技术模式。小白龙即塑料 PE 软管，农民俗称“小白龙”或“皮龙”；“M”畦膜下暗灌即整地时将畦面做成字母“M”的形状，灌溉时浇“M”形沟中间的小沟。经过比较筛选采用直径为 18 厘米的 PE 白色软管代替土砌水渠，将水源引到作物种植行旁，再利用直径为 6.5 厘米的水龙带引流到“M”形沟内，两种不同规格的“小白龙”通过黑色塑料对丝连接，通过对丝连接能保证接口不漏水，又能直接将水送到作物行间。灌溉的同时棚边再配备塑料施肥桶，并将施肥桶与直径 18 厘米的水龙带连接，即实现水肥一体化。采用“M”畦 +“小白龙”水肥一体化技术模式成功在礼贤、魏善庄、庞各庄、采育、青云店等镇开展试验示范 300 余亩。

5. 喷灌技术

喷灌技术是利用机械和动力设备，使水通过喷头（或喷嘴）喷射至空中，以雨滴状态降落田间的灌溉方法。喷灌设备由进水管、抽水机、输水管、配水管和喷头（或喷嘴）等部分组成，可以是固定式的，也可以是半固定式的或移动式的。具有节省水量、不破坏土壤结构、调节地面气候且不受地形限制等优点。

（1）技术特点。

①省水：由于喷灌可以控制喷水量和保持均匀，避免产生地面径流和深层渗漏损失，使水的利用率大为提高，一般比漫灌节省水量 30%～50%，省水还意味着节省劳动力，降低灌水成本。

②省工：喷灌便于实现机械化、自动化，可以大量节省劳动力。由于取消了田间的输水沟渠，不仅有利于机械作业，而且大大减少了田间劳动量。据统计，喷灌所需的劳动量仅为地面灌溉的 1/5。

③提高土地利用率：采用喷灌时，无须田间的灌水沟渠和畦埂，比地面灌溉更能充分利用耕地，提高土地利用率，一般可增加耕种面积 7%～10%。

④增产：喷灌便于严格控制土壤水分，使土壤湿度维持在作物生长最适宜的范围。而且在喷灌时能冲掉植物茎叶上尘土，有利于植物呼吸和光合作用。另外，喷灌不对土壤产生冲刷等破坏作用，从而保持土壤的团粒结构，使土壤疏松多孔，通气性好，因而有利于增产，特别是蔬菜增产效果更为明显。

⑤适应性强：喷灌对各种地形适应性强，不需要像地面灌溉那样平整土地，在坡地和起伏不平的地面均可进行喷灌。特别是在土层薄、透水性强的沙质土，非常适合采用喷灌。此外，喷灌不仅适合所有大田作物，各种经济作物、蔬菜、草场都均适用。

⑥喷灌缺点：主要是投资费用大，与地面灌溉相比，喷灌投资较高，目前半固定式喷灌如不计输变电和人工杂费，一般每亩为 300～500 元，全包 500～800 元。另外，受风速和气候的影响大，当风速大于 5.5 米 / 秒时（相当于 4 级风），就能吹散水滴，降低喷灌均匀性，喷灌效果不佳；在气候十分干燥时，蒸发损失增大，也会降低喷灌效果。

（2）喷灌系统组成。

①水源：井泉、湖泊、水库、河流及城市供水系统均可作为喷灌水源。在整个生长季节，水源应有可靠的供水保证。同时，水源水质应满足灌溉水质标准的要求。

②首部：其作用是从水源取水，并对水进行加压、水质处理、肥料注入和系统控制。一般包括动力设备、水泵、过滤器、施肥器、泄压阀、逆止阀、水表、压力表，以及控制设备，如自动灌溉控制器、衡压变频控制装置等。首部设备的多少，可视系统类型、水源条件及用户要求有所增减。如果在利用城市

供水系统作为水源的情况下，往往不需要加水泵。

③管网：其作用是将压力水输送并分配到所需灌溉的种植区域。由不同管径的管道组成，分干管、支管、毛管等，通过各种相应的管件、阀门等设备将各级管道连接成完整的管网系统。现代灌溉系统的管网多采用施工方便、水力学性能良好且不会锈蚀的塑料管道，如 PVC 管、PE 管等。同时，应根据需要在管网中安装必要的安全装置，如进排气阀、限压阀、泄水阀等。

④喷头：喷头用于将水分散成水滴，如同降雨一般比较均匀地喷洒在种植区域。

6. 张力计指导灌溉技术

张力计又称负压计，是一套反应土壤墒情状况、指导适时灌溉直观实用的仪器设备，多用于棚室作物，由多孔陶土头、真空表和其他附件组成，多孔陶土头是仪器的感应部件，真空表是土壤水势（吸力）的指示部分。土壤越湿，对水的吸力就越小；反之则大。当土壤湿度增大到所有空隙充满水时，土壤水张力将降为零。换言之，此时土壤含水率达到了饱和。张力计显示的水势数值，反映了土壤中水分的状况（墒情良好或亏缺）。土壤水势与含水量之间的关系称之为土壤水分特征曲线。土壤不同，土壤水分特征曲线不同。根据张力计测得的水势值，从土壤水分特征曲线可以推求土壤的含水量。

使用张力计指导灌溉，一般结合土壤水分特征曲线参照。表盘上有 4 个区域，颜色分别为黄色、绿色、蓝色和红色。当张力计指针指在黄色区域时，表示土壤水分过多，土壤的透气性太差，作物不能正常生长，需要排水；当张力计指针指在绿色区域时，表示土壤水分状况最佳，不需要灌溉；指针指在蓝色区域时，表示土壤水分状况良好，基本能够满足作物生长的需水量，不需要灌溉；指针指在红色区域时，表示土壤水分亏缺，需要对作物进行灌溉，否则会影响产量和品质。通过读取张力计指针在表盘上 4 个颜色区域的位置来判断作物是否灌溉，简单有效。一般来说，土壤的吸水过程是短暂的。这就必须根据实测资料找出土壤含水率与土壤水张力的关系式，有了这个关系式便可根据观测的土壤水张力随时得知相应的土壤含水率，依据试验得到的土壤水张力指标就可指导农田灌溉，条件许可时，还可根据土壤水张力指标自动控制灌溉。这样就不必再用烘干法测定土壤含水率，从而大大降低劳动强度，提高工作效率。正因如此，在改进农业灌溉技术方面很有推广的必要。

7. 水肥耦合技术

水肥耦合技术就是根据不同水分条件，提倡灌溉与施肥在时间、数量和方式上合理配合，促进作物根系深扎，扩大根系在土壤中的吸水范围，多利用土壤深层储水，并提高作物的蒸腾和光合强度，减少土壤的无效蒸发，以提高降雨和灌溉水的利用效率，达到以水促肥、以肥调水、增加作物产量和改善品质的目的。

作物根系对水分和养分的吸收虽然是两个相对独立的过程，但水分和养分对于作物生长的作用却是相互制约的，无论是水分亏缺还是养分亏缺，对作物生长都有不利影响。这种水分和养分对作物生长作用相互制约和耦合的现象，称为水肥耦合效应。研究水肥耦合效应，合理施肥，达到“以肥调水”的目的，能提高作物的水分利用效率，增强抗旱性，促进作物对有限水资源的充分利用，挖掘自然降水的生产潜力。

8. 保墒产品的应用

土壤保墒产品多为化学制剂，通过与土壤混合或施用于土壤表面的方式起到吸水缓释、抑蒸保墒的效果。其原理是利用有机高分子物质在与水的亲和作用下形成液态成膜物质，利用高分子成膜物质对作物及环境进行水分调节控制，达到吸收保水、抑制蒸发、减少蒸腾、汇集径流、防止渗漏、蓄水增水和有效供水的目的，有以下特点。

（1）吸水、释水可逆性。环境水多时吸收、水少时释放，如此吸水、释水反复循环，仅需很少的灌溉或降雨即可，不易被环境中的微生物破坏，能够长时间保持三维立体结构，从而长期向植物供水。

（2）吸肥、保肥性。按传统的施肥方法，很多肥料元素由于阳光的分解和雨水的冲刷，来不及被植物吸收就被浪费。本剂可吸附自重100倍左右的尿素，固定在土壤中并缓慢释放，可极大减少养分的流失，有效节肥20%～40%，并将肥效期拉长。

（3）改良土壤。因其颗粒吸水后膨胀而释水后缩小，可使土壤形成团粒多孔结构，松软透气，既保证植物需求，又可增加黏土的通透性和沙土的持水力。

（4）安全性。pH值中性，在释放的水分中没有不良物质，对环境和植物无毒无害，不随雨水流失，多年后自然降解，还原为氨态氮、水和少量钾离子，有效改良土壤。

（5）降温、保温性。土壤中掺入本剂后，由于水分大而提高墒情，白天降低了热传导率，致使有本剂的土壤比没有本剂的土壤白天温度低1～4℃，而晚上湿度大的土层传导地热能力强，所以晚上温度高 2～4℃，使昼夜温差缩小。

（6）适用性。根据其保水原理，可以适用于任何作物。

（二）新兴节水栽培技术

1. 微灌技术

微灌是按照作物需求，通过管道系统与安装在末级管道上的灌水器，将水和作物生长所需的养分以较小的流量，均匀、准确地直接输送到作物根部附近土壤的一种灌水方法，可精确控制灌水量、施肥量和灌水施肥时间。与传统的全面积湿润的地面灌和喷灌相比，微灌只以较小的流量湿润作物根区附近的部分土壤，因此，又称为局部灌溉技术。

（1）微灌系统的构成。微灌施肥系统是由水源、首部枢纽、输配水管网、灌水器等组成。常见的微灌施肥系统有滴灌、微喷及小管出流等设备。

①水源：包括江河、湖泊、沟渠、库塘、井泉、再生水等，只要水质符合《农田灌溉水质标准》（GB 5084—2021）要求，均可作为微灌施肥的水源。在布置水源工程时，一个重要的影响因素是水源的位置和地形。当有几个可用的水源时，应根据水源的水量、水位、水质及滴灌过程的用水要求进行综合考虑。通常在满足微灌水量、水质需要的条件下，优先选择距灌区最近的水源，以便减少输水干管的投资。在平原地区利用井水作为滴灌的水源时，应尽可能地将井打在灌区中心。蓄水和供水建筑物的位置应根据地形地质条件确定，必须有便于蓄水的地形和稳固的地质条件，并尽可能使输水距离短，在有条件的地区尽可能利用地形落差发展自压微灌，微灌水质除必须

符合《农田灌溉水质标准》（GB 5084—2021）的规定外，还应满足进入微灌管网的水应经过净化处理，不应含有泥沙、杂草、鱼卵、藻类等物质；微灌水质的 pH 值一般应为 5.5～8.0；微灌水的总含盐量不应大于 2 000 毫克 / 千克；微灌水的含铁量不应大于 0.4 毫克 / 千克；微灌水的总硫化物含量不应大于 0.2 毫克 / 千克。

②首部枢纽：首部枢纽包括水泵等加压设备、过滤设备、施肥设备、流量及压力测量仪表、控制阀等。它们的作用是从水源中增压并将其处理成符合微灌水质要求的水和肥，输送到系统中进行耦合灌溉。动力机可以是电动机、柴油机或汽油机等。

加压设备是微灌施肥系统首部枢纽的重要设备之一，主要满足微灌工程对管网水流的工作压力和流量的要求。加压设备包括水泵及向水泵提供能量的动力机。从能量的观点来说，水泵是一种转换能量的机器，它把原动机的机械能转化为被输送的水的能量，使水的流速和压力增加，微灌施肥系统中的水泵有潜水泵、深水泵、普通离心泵等。在有足够自然水头的地方可不安装水泵，利用重力进行灌溉。

过滤设备的作用是将灌溉水中的固体颗粒滤去，避免污物进入系统，造成系统堵塞。过滤设备常分为两级，首级应安装在输配水管道之前，次级应安装在灌水器之前。微灌灌水器的出水孔径一般都很小，极易被水源中的污物和杂质堵塞。任何水源都不同程度地含有各种污物和杂质，即使水质良好的井水，也会含有一定数量的砂粒和可能产生化学沉淀的物质。同时对于供水量需要调蓄或含砂量很大的水源，常要修建蓄水池或沉淀池。沉淀池用于去除灌溉水源中较大的固体颗粒，为避免在沉淀池中产生藻类等微生物，应尽可能将沉淀池或蓄水池加盖封闭。微灌系统常用的过滤设备有离心式过滤器，又叫水砂分离器，能连续过滤高含砂量的灌溉水，但水头损失大，不能除去与水比重相近和比水轻的有机质等杂物，且有较多的砂粒进入系统，适于作初级过滤器；砂石介质过滤器，利用砂石作为过滤介质，污水通过进水口进入滤罐，经过砂石之间的孔隙截留而达到过滤的目的，过滤可靠、清洁度高，且带有反冲洗功能，可根据需要定期清洗滞留在砂石间的污物，但价格较高且体积大；筛网过滤器，利用金属或塑料制成的滤网进行过滤，适于小面积地块首部的末级过滤器，筛网过滤器造价较低，但当有机物含量稍高或压力较大时过滤效果很差；叠片过滤器，利用较多带沟槽的薄塑料圆片作为过滤介质，可以去除水中的悬浮物，对于浊度较大的地下水、河水过滤效果很好，但处理胶体不够彻底。

施肥设备是将肥料、除草剂、杀虫剂等按一定比例与灌溉水混合，直接注入微灌系统，加肥设备应在过滤设备之前。灌溉施肥中常用的施肥设备有压差式施肥罐、文丘里施肥器和注肥泵 3 种。压差式施肥罐的工作原理是将储肥罐与灌溉管道并联，通过控制调压阀使其两侧产生压差，部分灌溉水从进水管进入储肥罐，再从供肥管将经过稀释的水肥混合液注入灌溉水中。其优点是造价低，不需外加动力设备。缺点包括：储肥罐中的水肥混合液不断被水稀释，输出肥液浓度不断下降，且各阀门开度与储肥罐的供液流量之间关系复杂，造成水肥的混合浓度无法控制；罐容积有限，添加肥液的次数频繁；因安装调压阀造成一定的水头损失。文丘里施肥器的工作原理是液体经过流断面缩小的过流断面时流速加大，产生负压，从而吸取开敞式化肥罐内的肥液。优点是成本低廉，不需要额外动力，施肥浓度比较均匀。缺点是在吸肥过程中的水头损失较大，只有当文丘里管的进、出口压力差达到一定值时才能吸肥，一般要损失 1/3 的压力，适合于水压力较充足的输水管道使用。注肥泵的工作原理是通过注射泵向微灌系统主管道注入调配好的肥液。其优点是可以随时调节注肥浓度，缺点是需要配备额外的动力系统，造价高。

流量及压力测量仪表包括用于测量管路中水流的流量或压力的水表和压力表、用于测量施肥系统中肥料的注入量的转子流量计等。压力表是微灌系统中必不可少的测量装置。它可以反映系统是否按设计要求正常运行，特别是过滤器前后的压力表，实际上是反映过滤器堵塞程度及何时需要清洗过滤器的指示器。微灌系统中常用的压力测量装置是弹簧管式压力表。该表内有一根圆形截面弹簧管，弹簧管的一端固定在插座上，并与外部接头相通，可以自由移动；另一端封闭并与连杆和扇形齿轮连接，可以自由移动。当被测液体进入弹簧管内时，弹簧管的自由端在压力作用下产生位移，使指针偏转，指针在刻度盘上的指示读数就是被测液体的压力值。微灌系统中利用水表来计量一段时间内通过管道的总水量或灌溉用水量。水表一般安装在首部枢纽中过滤器之后的干管上，也可根据各用水单元的管理方式将水表安装在相应的支管上。微灌系统中使用的水表具有过滤能力大、水头损失小、量水精度高、量程范围大、使用寿命长、维修方便及价格便宜等特点。因此，在选用水表时，应首先了解它的规格型号、水头损失曲线及主要技术参数等。然后，根据微灌系统设计流量大小，选择大于或接近额定流量的水表，绝不能单纯以输水管管径大小来选定水表口径。当微灌系统的设计流量较小时，可选用LXS型旋翼式水表，当系统流量比较大时，可选用水平螺翼式水表。螺翼式水表的优点是：在同样口径和工作压力条件下，通过的流量比旋翼式水表大1/3，水头损失和水表体积都比旋翼式小。

控制阀用于对系统进行自动控制，具有定时或编程的功能。根据用户给定的指令操作电磁阀或水动阀、供水泵及施肥泵，使系统灌水、施肥或停止工作，既可独立控制，也可联合控制。阀门是用来控制和调节微灌施肥系统的压力、流量的执行部件，常用的阀门有闸阀、逆止阀、空气阀、水动阀、电磁阀等。

③输配水管网：输配水管网的作用是将首部枢纽处理过的水按照要求输送到每个灌水单元（灌水小区）和灌水器。常见的输配水管网包括干管、支管和毛管三级管道。毛管是微灌系统的最末一级管道，其上安装或连接灌水器，常用聚乙烯管（PE），其他管道可用钢管、聚氯乙烯管（PVC）、聚乙烯管（PE）及聚丙烯管（PP）等。

④灌水器：灌水器是微灌系统中的关键设备，其作用是将压力水通过不同结构的流道或孔口，消减压力，使水流变成水滴、细流或喷洒状，直接作用于作物根区附近。灌水器种类很多，工作特点不同，技术性能不同，适用条件也不完全相同。按结构和出流形式可将灌水器分为滴头、滴灌管（带）、微喷头、小管灌水器、渗灌管、喷水带六大类。

滴头是通过流道或孔口将毛管中的压力水变成滴状或细流

状流出的装置，其流量一般不大于 12 升 / 时。

滴灌管（带）即滴头与毛管制成一体，兼具配水和滴水功能。按滴灌管（带）的结构可分为内镶式滴灌管和薄壁滴灌带两种。

微喷头是将压力水以细小水滴喷洒在土壤表面的灌水器。单个微喷头的流量一般不超过 250 升 / 时，喷洒射程小于 7 米。按照结构和工作原理，微喷头可分为射流式、离心式、折射式和缝隙式 4 种。

小管灌水器，由 φ4 塑料小管和接头连接插入毛管壁而成。这种灌水器工作压力低、孔口大，由于流道断面大，大大增强了抗堵性能。小管的长度可以依根据毛管和作物的距离及小管进口工作压力的大小适当调节，一般为 1～2 米。它分为两种，一种是非压力补偿型，另一种是压力补偿型。

渗灌管是用 2/3 的废旧橡胶（旧轮胎）和 1/3PE 塑料混合而成的多孔管。埋于地面下 20～30 厘米，水通过渗孔湿润周围土壤。渗灌与其他地表灌溉相比，具有提高土壤湿度、降低空气湿度、减少病虫害、提高作物产量和品质等优点。

喷水带是一种薄壁 PE 塑料软管，在一侧的管壁上用机械或激光打出喷水微孔，以一定的角度将灌溉水喷射到空气中，在空气的作用下散落在管带两侧的土壤表面。最大喷洒宽度可达 8 米，长度达 100 米，喷洒水柔和、均匀，但喷灌强度较大，易受风影响。

（2）微灌的优点。

①省水省肥：由于微灌是局部灌溉，减少了深层渗漏和地面蒸发。一般比地面灌溉省水 1/3～1/2，比喷灌省水 15%～

25%。由于是肥随水追施到作物根部，因此减少了人工撒施对肥料的浪费，可节省 20%～40% 的肥料投入。

②灌水均匀：微灌是精确灌溉，全系统能够做到有效控制每个灌水器的出流量，灌水均匀度可达 80%～90%。

③增产：微灌能适时适量地向作物根区供水供肥，使土壤水分保持在最佳水平，便于作物吸收水分和养分；微喷还可调节田间小气候，为作物创造最佳的生长环境，与其他灌水方法相比，一般可增产 30% 左右。

④节省劳动力：微灌系统不需平整土地、开沟作垄、撒肥等，可实行自动控制，大大减少了田间灌水的劳动量和劳动强度。

⑤对土壤和地形的适应性强：既适用于黏性土壤也适用于沙性土壤，由于是压力管道输水，所以既适用于平地也适用于山坡丘陵地区。

⑥提高作物品质，降低病害发生：微灌技术可有效降低温室内湿度，从而减少了病害传播的有利条件，进而提高优质瓜果产量。

（3）微灌的局限性。

①易引起堵塞：灌水器由于出水孔较小，易产生堵塞，严重时会使整个系统无法正常工作，甚至报废。因此，微灌对水质的要求较严，一般均应经过过滤，必要时还要经过沉淀和化学处理。

②投入较高：工程投资相比一次性投资高，与自流灌溉相比运行费用也高，因此影响了此项技术的推广应用。

③对管理的要求较高：由于微灌工程技术含量较高，设备

较为复杂，因此对管理人员的要求较高，管理水平将直接影响工程的使用寿命，总之，微灌的适应性较强，使用范围较广，各地应根据自然条件、作物种类等选择。

（4）微灌施肥系统使用的注意事项。

①微灌施肥系统灌溉中杂质的种类及处理方式：微灌施肥系统灌溉中所含污物及杂质分为物理、化学和生物3类。物理污物及杂质是指悬浮在水中的有机或无机颗粒。有机颗粒主要包括死的水藻、硅藻、叶子碎片、鱼、蜗牛、种子和其他植物碎片、细菌等。无机颗粒主要是黏粒和砂粒。化学污物和杂质主要指溶于水中的某些化学物质，如碳酸钙和碳酸氢钙等。生物污物或杂质主要包括活的菌类、藻类等微生物和水生动物。消除化学和生物污物或杂质最常采用的两种化学处理法为氯化处理和加酸处理。氯化处理是将氯气加入水中，当氯溶于水时起强氧化剂的作用，可以杀死水中的藻类、真菌、细菌等微生物，是解决由于微生物生长而引起灌水器堵塞问题的有效而经济的办法。加酸处理可以防止可溶物的沉淀（如碳酸盐和铁等），酸也可以防止系统中微生物的生长。微灌系统中对物理杂质进行处理的设备和设施主要包括拦污栅（筛、网）、沉淀池、过滤器（水砂分离器、砂介质过滤器、网式过滤器、叠片式过滤器）等。

②微灌施肥系统肥料的选择：适合微灌施肥的肥料应满足以下要求，一是在温室条件下能够迅速地完全溶于水，且肥料之间不产生拮抗；二是杂质含量低，不会堵塞过滤器和滴头；三是与灌溉水相互作用小，不会引起灌溉水pH值的剧烈变化；四是对首部枢纽和灌溉系统的腐蚀性小；五是肥料中养分浓度

较高，盐基含量低。

目前适宜的肥料品种主要有3类，一是专用固体肥料；二是溶解性好的普通固体肥料；三是液体肥料。市场上有很多微灌专用固体肥料，选择时可以通过将少量肥料放入容器中并加水溶解看是否有沉淀。可用于微灌施肥的单质肥料有尿素、硝酸铵、磷酸二氢钾、工业及食品级磷酸一铵、磷酸、磷酸脲、硝酸钾、氯化钾、硝酸钙、硫酸镁等。选择时应特别注意，市场上销售的颗粒状复合肥、红色氯化钾、农用粉状磷酸一铵、磷酸二铵溶解性差，不能在微灌施肥中使用。实际使用时尽量不要将不同的单质肥料混合。在使用单质肥料自配微灌肥料时，一定要注意肥料的相溶性。含有磷酸根的肥料与含有金属离子的肥料容易发生拮抗反应（如钙、镁、铁、锌、锰、铜等）。含有钙的肥料不能与含有硫酸根的肥料一起使用，否则会形成沉淀。市场上常见的液体肥料一般都含有不溶物，且养分浓度一般较低，选择时应慎重。

③对微灌施肥效果的影响因素：

土壤质地对微灌施肥效果的影响 土壤质地在很大程度上决定着土壤的容重和结构。在制定灌溉制度时，土壤容重被作为重要参数；在布置灌溉系统时，也必须考虑土壤质地对灌溉水浸润半径的影响。沙土或沙质壤土，土壤阳离子交换量小，土壤的保水保肥性能差，在灌溉水量大或降水量大的情况下，水分渗漏和养分流失量大。在灌溉水量小，或者无降雨的情况下，施肥后土壤溶液浓度上升很快，如果施肥量过大，对弱耐盐性作物可能产生危害。特别是在干旱地区的沙性土壤上，追肥应遵循少量多次的原则，同时注意保持一定的灌溉水量。重壤土或黏土的情况与沙土则相反，其保水保肥能力大，水的浸润半径也大，土壤干缩湿胀明显，对盐分离子有较强的缓冲能力。但是，一旦有害离子在土壤中积累，冲洗比较困难，耗用的水量也较多，壤土的性质介于二者之间。

温度对微灌施肥效果的影响　土壤的低温和高温都影响根毛的形成和伸长，进而影响作物对养分的吸收，低温能减弱根部的呼吸强度，使根系的能量供应减少，降低根系对养分的吸收能力；低温使微生物活动和酶活性减弱，使土壤养分供应能力下降；同时，土温还影响硝化反应与反硝化反应、氨化反应的速度。在微灌施肥实践中，要因地制宜控制地温。例如，在我国北方保护地越冬栽培条件下，蔬菜幼苗移栽后，已进入晚秋，地温较低。覆盖地膜，不仅可以防止土壤水分蒸发，还可以促进地温提高，有利于迅速“缓苗”。缓苗之后，又通过通风、凉棚抑制土温，防止幼苗旺长，以达到“炼苗”的目的。这样有效地控制土温，既可以促进作物生长，又能提高微灌施肥的成效。

土壤通透性对微灌施肥效果的影响　土壤通透性主要由质地和结构决定，土壤通透性好，土壤空气中含氧量增加，有利于作物根系呼吸，从而促进根系对水分和养分的吸收。当土壤空气的氧不足时，根的吸收作用被抑制。土壤通透性好，有机物分解矿化快，养分积累多，对作物供应充分；土壤通气不良，养分被还原，有利于发生反硝化反应，有害离子易积累。所以，要增施有机肥，促进土壤良好结构形成，增强通透性。另外，要合理耕翻土壤。保护地栽培秋季作物定植前，要深耕整地，疏松土壤；果园也要进行中耕。

土壤有机质含量和化学性质对微灌施肥效果的影响 土壤有机质能促进团粒结构形成，提高土壤阳离子交换量和保水保肥能力，同时，有机质本身就是各种养分的供给源。土壤pH值为6～8，有利于氨化作用和硝化作用的发生。碳酸钙含量高的土壤，土壤中交换性钙离子也较多，钙离子能促进作物对铵根离子（NH_4^+）和钾离子（K^+）的吸收。对磷素来说，有效性最佳的pH值为6.0～6.5，pH值过高或过低都会降低磷素的有效性。在土壤碳酸钙和碳酸镁的含量较高的情况下，磷素和微量元素容易被固定。所以，应该根据土壤化学性质合理分配基肥和追肥的比例，在pH值较高、碳酸钙和碳酸镁含量较多的土壤上，应适当减少磷肥的基施量，增加追肥比例。

气候对微灌施肥效果的影响 气候因素直接和间接影响微灌施肥的效果，所以应根据当地气候条件因地制宜安排灌溉施肥周期、灌溉水量、基肥与加肥数量比例等。在北方保护地蔬菜越冬栽培中，作物苗期和花期气温低，不宜灌溉施肥，必须适当增加基肥施用比例，以保证作物前期生长的需要。在光照不足、土壤蒸发与植物蒸腾量很小时，作物长势弱，灌溉施肥的次数减少，同时，水肥的利用率也低。在丰水年，自然降水量多，灌溉次数减少，甚至不需要人为灌溉，作物所需要的肥料无法通过系统进入土壤，在必须施肥的情况下，施肥就成为灌溉的唯一目的，水的利用率必然降低。在干旱年份，需要增加灌溉频率与灌溉水量。

2. 滴灌及衍生技术

滴灌即滴水灌溉技术，它是将具有一定压力的水，经滴灌管道系统输送到毛管，然后通过安装在毛管上的滴头、滴管带等灌水器，将水以水滴的方式均匀而缓慢地滴入土壤，以满足作物生长需要的灌溉技术，它是一种局部灌水技术。水源通过水泵加压、过滤器过滤，需要时再在肥料罐中掺入可溶性肥料，经过管道系统输入田间。

（1）系统组成。一套完整的滴灌系统主要由水源工程、首部枢纽、输配水管网和滴水器四部分组成。

①水源工程：江河、湖泊、水库、井泉水、坑塘、沟渠等均可作为滴灌水源，但其水质需符合滴灌要求。

②首部枢纽：包括水泵、动力机、压力需水容器、过滤器、肥液注入装置、测量控制仪表等。首部枢纽是整个微灌系统操作控制的中心，以投资低、便于管理为原则进行建设。一般首部枢纽与水源工程相结合，如果水源距灌区较远，首部枢纽可布置在灌区旁边，有条件时尽可能布置在灌区中心，以减少输水干管的长度。首部装置的作用是对滴灌系统提供恒定、洁净满足滴灌要求的水。除自压系统外，首部枢纽是微系统的动力和流量源。过滤器是滴灌设备的关键部件之一，其作用是使整个系统特别是滴头不被堵塞。过滤器主要有离心式过滤器、砂石过滤器、筛网过滤器、叠片式过滤器等，这几种过滤器都具有一定的清洗功能。施肥装置安装在过滤器前，防止未溶解的肥料颗粒堵塞滴头。其原理是借助压力差通过肥料罐的出水口，将化肥溶液均匀地注入干管的灌溉水中。根据其向管道内注入溶液的方式可分为压差式、泵注入式和文丘里 3 种。在滴灌过程中肥料在罐中溶解后进入管道，通过两个调节阀来控制完成整个施肥过程。

③输配水管网：管网中的管材、管件应尽可能选用塑料制

品，以避免金属管产生的锈蚀杂屑堵塞滴灌管。输配水管道是将首部枢纽处理过的水按照要求输送、分配到每个灌水单元和灌水器的。输配水管网包括干管、支管和毛管3级管道和相应的三通、直通、弯头、阀门等部件。管网设计应进行必要的水力计算，选择最佳管径和长度，力求做到管道铺设最短、压力分配合理、灌水均匀和方便管理。

④滴水器：它是滴灌系统的核心部件，水由毛管流进滴头，滴头再将灌溉水流在一定的工作压力下注入土壤。水通过滴水器，以一个恒定的低流量滴出或渗出后，并在土壤中向四周扩散。在实际应用中，滴水器主要有滴灌管和滴灌带两大类。滴灌管或滴灌带式滴水器是由滴头与毛管组合为一体，兼具配水和滴水功能的管（或带）。

（2）技术特点。膜下滴灌施肥技术是将地膜覆盖栽培技术与滴灌施肥技术结合起来的一项水肥一体化技术，即将滴灌带（管）铺于地膜之下，同时配合嫁接管道输水等其他先进技术，构成膜下滴灌系统。利用滴灌施肥的节水节肥作用，配合地膜覆盖的增温保墒作用，达到节水、节肥、高产、优质、增效的目的。

（3）重力滴灌施肥技术。

①技术简介：重力滴灌是利用水与滴灌管路的高度落差形成的压力进行灌溉的低压灌溉系统，高度落差由设施中架高的储水容器产生。如将可溶性肥料溶于储水容器中则可实现水肥一体化，即重力滴灌施肥。

②技术特点：设施果类蔬菜应用滴灌施肥可实现节水、节肥、省工、增产和提质，在统一管理的园区应用效果良好，但

在分散的“一户一棚”式果类蔬菜生产中使用效果欠佳，主要原因是：一是首部缺乏维护保养。滴灌施肥系统首部变频系统、过滤系统等需要专业维护，在分散农户中不易实现。二是集中供水与分户用水矛盾突出。由于缺乏统一用水管理，常发生水压不适、排队浇水和水费纠纷等问题。鉴于以上情况，结合本区农田灌溉实际，在没有安装过滴灌的村镇中开展适宜本地区“一家一户”水肥一体化技术模式。

重力滴灌施肥通过为“一户一棚”配备“一棚一桶”来保证水源供应，无须复杂的首部系统，可有效解决集中供水与分户用水的矛盾，是分散农户高效利用滴灌施肥技术的可行途径。对于设施蔬菜仍采取“一户一棚”式的种植模式，规避滴灌施肥弊端，能够解决集中供水与分户用水的矛盾，充分发挥滴灌施肥技术的优势，应用前景十分广阔。

③系统组成：针对本区典型西瓜、甜瓜设施，围绕储水容器的选型、滴灌管路和灌水器的选型，重力滴灌系统布置由以下几种构成。

储水容器：通过对比水泥蓄水池、塑料储水桶、铁皮储水桶、防水布储水软袋等，初步筛选出聚乙烯塑料桶和铁皮桶作为重力滴灌储水容器。容器配备铁支架后可方便在设施内或设施间移动。50 米 ×8 米温室配套 2 立方米储水容器即可。

滴灌管路和灌水器：选择较粗的支管（直径 40 毫米以上）和低流量的灌水器都有利于提高重力滴灌的灌溉施肥均匀度，但需注意：低流量灌水器更容易发生堵塞，水质差的地区应慎用。

重力滴灌施肥系统的布置方式：重力滴灌下水压仅为常规

滴灌的 1/10，为避免灌溉施肥不均，应尽量缩短水的输送距离，并提升储水容器的高度。实际操作中应将储水容器尽量布置在设施中部，底部至少高出滴灌管路 1.2 米。

重力滴灌施肥下的灌溉施肥制度：利用张力计确定灌溉起点（一般蔬菜为 -30～-25 千帕），50 米 ×8 米温室每次灌水 2～3 桶（4～6 立方米），蔬菜商品器官快速生长期每次灌溉均随水施用水溶性肥料，肥料纯养分浓度 0.4～0.7 克 / 升。

④应用注意事项：一是防止储水容器下陷。容器装满水后较重，为避免容器下陷，可在支架底部垫木板或砖块。二是定期清洗过滤器。重力滴灌专用 PE 塑料桶出水口处配有网式过滤器，要根据水质情况定期拆下清洗。三是保持储水容器清洁。重力滴灌专用 PE 塑料桶底部装有排污阀，应根据当地水质情况定期打开清洗。塑料桶顶部盖子平时应盖紧，避免杂物落入。

（4）助力滴灌施肥技术。

①技术简介：农户自行在棚室内或棚室外设置蓄水装置，首部加设安装一个 1.5 寸（1 寸≈0.033 米）、扬程 20 米的抽水泵，抽水泵前端与主管路连接，另一端通过 PVC 管与储水罐连接设为回水装置，把不同压力分流出来的水重新输送到储水罐中。通过改进原有的滴灌系统，可以缓解高峰时段用水紧张的问题，并且加大了储水罐的输送力度，缓解输送压力不足、出水不均的问题，从而弥补了滴灌推广中出现的问题。

②技术特点：滴灌技术是大兴区首推的节水灌溉方式，具有节水、节肥、省工的优点。但是在推广进行中，中小散户在应用过程中存在的问题也开始不断显现。首先，使用滴灌需要安装变频，而一个变频动辄上万元的价格，对于一般农户来讲

很难接受，只能依靠政策资金的扶持；其次，滴灌灌溉时间普遍在一个小时以上，而一个灌溉水井一般多个农户共同使用，在灌溉高峰期则易引起纠纷；最后，滴灌对使用的水溶肥筛选更为严苛，需要水溶性能好，否则会对滴头造成堵塞，滴灌设备则无法使用。这都成为限制滴灌推广的主要因素。为解决以上问题，大兴区农业技术推广站节水技术人员推出了助力滴灌施肥技术。

③系统组成：助力滴灌是在重力滴灌系统的首部安装 1.5 寸、扬程 20 米的抽水泵，抽水泵前端与主管路连接，另一端通过 PVC 管与储水罐连接设为回水装置，把不同压力分流出来的水重新输送到储水罐中。

（5）微喷灌溉施肥技术。

①技术简介：微喷灌溉施肥是采用薄壁多孔式微喷带，借助施肥装置将水肥混合液输送到田间，并由微小的出水口将水肥混合液喷洒到作物附近土壤的灌溉施肥技术。膜下微喷技术是在作物畦上铺设直径 2.5～3 厘米打有细微小孔的塑料管网，畦上覆盖地膜，作物定植于膜上。喷水带覆盖地膜后类似滴灌湿润作物，除具备传统滴灌的省水、省肥、省人工等优点外，还具有灌水均匀、不伤害作物、保持土壤性状的特点。通过在首部改进加装施肥桶、施肥泵和便携式移动电源，轻松便捷地实现水肥一体化，成为近几年北京市大兴区主推且使用较好的一家一户微喷灌溉系统，在西瓜及果菜种植上应用广泛并申请了实用新型技术专利。

②技术特点：与现有传统微喷带技术比较，其优点如下。利用农田普遍存在的传统机井及管路应用微喷带水肥一体化技

术；农业棚室内无须建立蓄水池及接通 220 伏电压，解决了微喷带应用的苛刻基础限制；灌溉操作省时省力，首部及蓄电池施肥设备拆卸方便、移动灵活，防盗效果好；结构简单，原理易懂，无须专业知识，方便农户使用；灌溉施肥效果好，实现水肥一体化，油菜应用后节水 40%，增效 4.9%。近年来，在喷灌和滴灌的基础上，又出现了抗堵塞性能好且流量比滴灌大的微喷带，即将压力水通过输水管送到田间，通过微喷带上的小孔实施喷洒灌溉，且造价低廉，大大降低了投入成本。

③系统组成：带式微喷施肥系统由薄壁多孔式微喷带、首部过滤和施肥装置组成。生产中应选用出水口小且分布均匀的微喷带，这样雾化效果好，灌溉更均匀。施肥装置可以选择压差式施肥罐或文丘里式施肥器。需注意不同类型的微喷带对水压的要求不同，首部施肥器通常会造成一定的压力损失，如果不能达到微喷带额定工作压力，需在首部配备加压泵以提高灌溉水压力。根据地块的长度选择适宜长度的微喷带，超过地块长度的部分可以用夹子夹住以避免出水。微喷带的喷幅都在 4 米以上，质量好的可以达到 10 米以上，喷幅越大，田间需要的微喷带条数越少，生产中还可采取逐片灌溉的方式，通过在田间移动微喷带扩大灌溉面积。

（6）节水型栽培管理技术。

①隔离槽栽培技术：隔离槽式栽培技术的优点如下。一是尤其适合于恶劣的土壤条件，如盐碱地、沙土地等；二是可避免连作障碍；三是节省养分和水分，一般节约水分 30%～60%；四是劳动强度小，有利于蔬菜进行工业化生产；五是可作为研究手段。

隔离槽栽培节水技术包括隔离槽建设、栽培基质填充、滴灌系统安装过程。隔离栽培槽可分为永久性的水泥槽、半永久性的木板槽、砖槽、竹板槽等，最好选用砖砌槽，不要砌死。在没有标准规格的成品槽时，可因地制宜地采用木板、竹条、竹竿、砖块或泡沫塑料板等建槽。当种植植株高大的瓜果类蔬菜时，槽宽 48 厘米，可供栽培 2 行作物，栽培槽之间的距离为 0.8～1 米。如栽培植株矮小的叶类蔬菜时，栽培槽的宽度可为 72～96 厘米，两槽相距 0.6～0.8 米，槽边框高度为 15～20 厘米。建好槽框后，在其底部铺一层 0.1 毫米厚的聚乙烯塑料膜，以防止土壤病虫害传染和水分的流失。槽的长度可依保护地的覆盖条件而定。槽内铺放基质，铺设滴灌软管，栽植 2 行作物，水肥通过干管、支管及滴灌软管灌滴于作物根际附近。

栽培基质采用基施精制有机肥加追施滴灌专用配方肥的营养方式，成本低廉，使用方便，又能充分发挥隔离式栽培节水增产节肥、避免连作障碍等优点。一般常用的基质材料有草炭、蛭石、珍珠岩、粉碎的作物秸秆、碳化的稻壳、牛粪、煤渣、蘑菇渣等。有机肥采用鸡粪等养分含量高的肥料，使用比例为膨化鸡粪 6%、腐熟优质有机肥 10%，同时每亩的基质中掺入 50 千克多元复合肥。常用的基质配方包括草炭∶蛭石∶珍珠岩 =2∶1∶1；草炭∶炉渣 =2∶3；草炭∶玉米秸∶炉渣 = 2∶6∶2；玉米秸∶蛭石∶蘑菇渣 =3∶3∶4；玉米秸∶蘑菇渣∶炉渣 =2∶2∶1。

槽式栽培管理技术根据市场需要和茬口安排，确定栽培的作物种类与品种，并确定适宜的播种日期和定植日期，育苗技术及定植后的温湿度管理、植株调整的方法均与一般种植要求相同。育苗时采用营养钵配置营养土的方法培育壮苗。

②调亏灌溉技术灌溉：调亏灌溉作为一种新型的灌溉方法，与传统灌溉的区别在于它根据作物的遗传和生态特性，在作物生长的某一阶段，人为地对其施加一定程度的水分胁迫，通过作物自身的变化实现高水分利用率。同时调控光合产物在营养器官和生殖器官之间的分配比例，提高其经济价值。调亏灌溉的关键在于选择适用作物的调亏时期。

（三）智能节水技术的引进

1. 物联网自动灌溉控制技术

（1）技术简介。农业物联网，即通过各种仪器仪表实时显示或作为自动控制的参变量参与到自动控制中的物联网。可以为温室精准调控提供科学依据，达到增加产量、改善品质、调节生长周期、提高经济效益的目的。大棚控制系统中，运用物联网系统的温度传感器、湿度传感器、pH 值传感器、光照度传感器、CO_2 传感器等设备，检测环境中的温度、相对湿度、pH 值、光照强度、土壤养分、CO_2 浓度等物理量参数，保证农作物有一个良好的、适宜的生长环境。远程控制的实现使技术人员在办公室就能对多个大棚的环境进行监测控制。采用无线网络来测量获得作物生长的最佳条件。农业物联网一般将大量的传感器节点构成监控网络，通过各种传感器采集信息，以帮助农民及时发现问题，并且准确地确定发生问题的位置，这样农业将逐渐地从以人力为中心、依赖于孤立机械的生产模式转向以信息和软件为中心的生产模式，从而大量使用各种自动化、智能化、远程控制的生产设备。

物联网智能灌溉控制系统是为了实现农业智能化监测、精细化控制而研发的关于物联网的农业生产环境监控系统，而且通过现代化的科学技术手段，达到降低人力成本、提高自动化生产效率、节约水资源的目的。智能灌溉控制系统主要是通过自动监测土壤水分、土壤温度、大气温度、大气相对湿度等参数，结合数学模型来预报灌水时间和需灌水量，在无人情况下，按照程序或指令来自动控制灌溉。自动控制系统根据作物需水规律实施灌溉指导，根据土壤湿度状况等气象条件提示灌水需求，为用户是否采取农田排水措施提供参考。

（2）技术特点。灌溉自动控制技术的特点：一是将自动控制技术应用于节水灌溉系统，通过空气温度、湿度和土壤湿度等主要生态因子多参数控制模式调节作物生长；二是可根据作物不同生长发育期的需水规律，指导作物的水肥控制管理；三是操作简单，能实时显示各传感器的测试值和各控件的运行状态，并可将这些参数存储备用，通过人机结合，为作物生产创造优化的生态环境条件。

2. 智墒指导灌溉

（1）技术简介。智墒是一款能够监测土壤墒情的智能产品，其管式土壤水分传感器的土壤传感范围约是插针式水分仪的20倍，可以实时监测同一位置多个土层深度的土壤水分、温度，并将连续监测的本地数据实时传输到云端，设备观测采用FDR原理，观测记录步长为1次/小时，用户可通过互联网和微信同步查看同一处土壤体积含水量和土壤温度数据。

（2）技术特点。

①准确：精度高，与标准烘干法数据对比差异仅2%。

②稳定：数据无须清洗，跳动率仅十万分之一。

③连续：最高采集频率为每 5 分钟采集 1 次，24 小时可连续获取 288 包 / 层数据。

④原位：可对同一地块、多个监测点进行连续监测。

⑤多深度：同一监测点、多个土壤深度（10 厘米、20 厘米、30 厘米、40 厘米、50 厘米和 60 厘米）的连续监测。另外，监测数据通过后台处理分析，可得到植物根系深度、土壤储水数值、作物日耗水量、1 小时内分钟级别的精准降水量预测数值和未来 5 日降水量等，同时还具备预警功能（作物缺水胁迫报警、作物水涝报警、灌溉决策消息、设备异常报警）。在北京多地的番茄、西瓜、草莓等多种作物上指导农民灌溉决策，实现科学精准灌溉。

3. 潮汐灌溉

潮汐灌溉是针对盆栽植物的营养液栽培和容器育苗所设计的底部给水的灌溉方式。因为灌溉方法与海水的涨潮落潮相似，所以将这种灌溉方式称为潮汐灌溉。潮汐灌溉是一种高效、节水、环保的灌溉技术，其基本原理是使灌溉水从栽培基质底部进入，依靠栽培基质的毛细管作用，将灌溉水供给植物。

根据栽培池类型的不同，潮汐灌溉分为植床式潮汐灌溉和地面式潮汐灌溉两种。植床式潮汐灌溉是指在温室中修建的高出地面一定高度的栽培床等空中栽培设施中实施的潮汐灌溉。地面式潮汐灌溉是指在温室地面上修建的栽培池等在地面栽培设施中实施的潮汐灌溉。

潮汐灌溉系统主要由栽培池、营养液循环系统（清水池、循环水泵、施肥机、消毒机等）、计算机控制系统和栽培容器

4 个部分组成。

（1）潮汐灌溉的优点。

①潮汐灌溉节水高效，其系统循环完全封闭，可以达到 90% 以上的水肥利用率。

②潮汐灌溉作物生长速度快，每周苗龄可比传统育苗方式至少提前 1 天，提高了设施利用率。

③潮汐灌溉方式避免了植物叶面产生水膜，可使叶片接受更多的光照，促使蒸腾作用从根部吸收更多的营养元素。

④潮汐灌溉可提供稳定的根部基质水汽含量，避免毛细根因靠近容器边部及底部干旱而死。

⑤潮汐灌溉使相对湿度容易控制，可保持作物叶面干燥，减少化学药品的使用量。

⑥潮汐灌溉栽培床下非常干燥，无杂草生长，可减少菌类滋生。

⑦潮汐灌溉可使管理成本降低，即使是手动操作进行营养液管理，一个人也可在 20～30 分钟内可完成 2 000 平方米左右穴盘苗的灌溉。

⑧潮汐灌溉可以随时使用，不受品种、规格、时间限制。

（2）操作注意事项。为了保证良好的灌溉效果，潮汐灌溉系统对栽培床的工作面要求较为严格，必须保证水分能自由地在灌溉区流动。与此相似，当灌溉完成时，栽培容器内多余的水分必须回收到栽培床上，也就是从栽培容器回收到回液箱中。栽培床表面必须非常水平才能确保水分在灌溉域的良好浇灌，使所有栽培容器中的基质在同一时间加湿，多余的水分在同一时刻回收。

4. 气雾栽培技术

气雾栽培是一种新型的栽培方式，它是利用喷雾装置将营养液雾化为小雾滴状，直接喷射到植物根系，以提供植物生长所需的水分和养分的一种无土栽培技术。

气雾栽培除了加快植物生长速度，使农业生产上栽培的瓜果蔬菜生长发育进程加快，时间缩短生物量大大提高外，还有以下诸多优势。

（1）它是一种最节水的栽培技术，气雾栽培可以使水的利用率达到几乎接近100%的水平，因为气雾栽培中，水以喷雾的方式供给植物的根系，而且经雾化集流的水分又经回液管回流至营养液池进行循环利用，植物种植在相对密封且有一定体积的容器或空间内，充斥于该空间的根域环境，没有任何水分蒸发的损耗，所有的水分都是经过根系的吸收，而后经叶片蒸腾弥散至大气环境中，也就是所有的雾化水都参与了水分代谢，由根系吸收参与各种代谢活动，其余的经由叶片蒸腾作用扩散回大气中，形成了水分的生理循环，没有其他任何的非生理损耗，所以说气雾栽培与传统土壤栽培相比，省水率可达98%，是一种最节水的先进栽培模式，可以用于缺水少雨的地区及水资源极度匮乏的沙漠。

（2）它是一种最节肥的种植技术，植物对肥料的吸收与根域的氧气代谢紧密联系，当根域环境缺氧时，即使将根系置于水肥充足的环境中，也不能正常快速吸收，而气雾栽培植物的根系以悬于空中的方式固定，具有最充足的氧气环境，所以它对矿质离子肥料的吸收效率和利用率极高，也像水的循环利用一样，没有如土壤栽培环境下的水肥渗漏、土壤固定、微生物分解利用或氨的蒸发损耗等问题，是一种循环吸收利用率极高的栽培技术，除了选择吸收剩余的部分矿质离子外，全都参与了植物的生理代谢，所以说气雾栽培与土壤栽培相比，节肥率可达 95% 以上。

（3）杀虫灭菌所需的农药可以做到用量最小化或者实现免农药栽培。气雾栽培采用气桶、气雾槽或者金字塔形的泡沫板种植系统，远离了土壤，创造出一个洁净的无机环境，没有病虫害滋生及藏匿的空间，使病虫害发生的概率大大减小。如果再结合大棚外围的防虫网隔绝技术，基本上可以做到免农药生产，生产出真正的免农药的安全瓜果与蔬菜，即使有少量的病害发生，只要结合物理防治技术，也不会对环境及蔬菜产生任何的化学残留，因此，气雾栽培与土壤栽培相比，农药使用率可以减少 99%～100%，是当前世界上生产安全蔬菜食品的较为先进的技术。

（4）气雾栽培的增产率是其他任何技术措施无法相比的。农业生产的增产技术措施很多，如配方施肥、科学的水管理、合理的整形修剪或者激素的运用和环境的控制，但不管哪种技术，它所发挥的增产潜力与气雾栽培相比都是相形见绌。经过气雾栽培，一般瓜果类单株增产潜力可提高数倍，甚至有些达到数十倍。这种增产潜力的产生原因，主要是根域环境优化及根系生理与形态演化的结果，在气雾环境中，根系大多是吸收水肥效率极高的不定根根系，以根毛发达的气生根为主，在氧气充足的空气中，它的吸收速度得以最大化发挥，几倍甚至数十倍于土壤栽培或者水培，既节省了土地，又达到了集约高效管理的目的，是当前高产栽培技术中较为先进的模式。

（5）种植环境的局限小，只要有电有水有光照的地方就可以进行气雾栽培，而且可以最大化地实施立体种植。不管是在城镇的空旷水泥地面上，还是没有土壤的沙漠环境，或是不适宜生长的盐碱地上，都可以进行植物的栽培，使植物生长的空间及环境得以最大化拓展。另外，以气雾方式供水肥后，可以进行立体式栽培，使空间利用率大大提高。当前栽培中，重茬问题也常限制着产业的发展，而气雾栽培不会像土壤栽培那样，因重茬栽培后出现有害病原菌富集、必需营养元素失衡、土壤板结等问题，最终使作物严重减产，气雾栽培系统可根本性地避免该问题的发生。

（6）环境洁净化。离开土壤环境后，杂草的滋长、病虫的匿藏、病菌的滋生环境得以彻底根除，根本没有任何污染源及污染物的发生，是未来农业生产中最为洁净的一种先进模式。

5. 西瓜、甜瓜节水灌溉

瓜类蔬菜是需要水量较多的作物。不同生长发育期对水量需求不同，一株 2～3 片真叶的小苗每昼夜的蒸腾水量为 170 毫升，每一朵雌花开放时达 250 毫升，而长成的植株竟高达几升。所以应根据瓜类蔬菜不同时期的需水特点，适时适量供水。一般苗期土壤相对含水量控制在 65% 左右，伸蔓期为 70%，而果实膨大期为 75%，不宜超过 80%。瓜类蔬菜一生需水关键期有两个阶段：一是雌花现蕾到开花期，此时如果水分不足，雌花蕾小，子房瘦小，影响坐果；二是在果实膨大期，若此时缺水，则果实很小，易出现扁瓜、畸形瓜，严重影响产量与品质。虽然瓜类蔬菜需水量大，但根系不耐水涝，在一天左右的水淹环境下，根部就会腐烂，易造成瓜秧死亡，所以要选择地势较高、排灌水方便的地块栽植。以北京地区大棚春茬西瓜为例，定植后立即滴灌 1 次，水量 15 立方米 / 亩左右。出苗后视墒情进行滴灌，一般苗期每 5～7 天滴灌 1 次，每次 8～10 立方米 / 亩；伸蔓期每 5～7 天滴灌 1 次，每次 10～12 立方米 / 亩；膨大期每 6～8 天滴灌 1 次，每次 11～13 立方米 / 亩。

十、西瓜、甜瓜施肥技术

（一）测土配方施肥技术

1. 测土配方施肥意义与作用

测土配方施肥是以土壤测试和肥料田间试验为基础，根据作物的需肥规律、土壤供肥性能和肥料效应，在合理施用有机肥料的基础上，提出氮、磷、钾及中、微量元素的施用数量、施肥时期和施肥方法。测土配方施肥技术的核心是调节和解决作物需肥与土壤供肥之间的矛盾，有针对性地补充作物所需的营养元素，作物缺什么元素补什么元素，需要多少补多少，实现各种养分的平衡供应，满足作物的需要，达到提高肥料利用率和减少肥料用量、提高作物产量、改善作物品质、节支增收的目的。

我国是一个人口众多而耕地后备资源相对不足的国家，农业增产依赖于单产的提高，肥料的施用对作物单产的提高起着重要的促进作用。长期以来我国农村盲目施肥现象严重，不仅造成农业生产成本增加，而且带来严重的环境污染，威胁农产品质量安全，影响农业产量进一步提高。随着“优质、高产、高效、生态、安全”农业的发展，转变施肥观念、实行科学施肥，成为今后的一项长期性任务。推广测土配方施肥技术，对于提高农作物单产，改善农作物品质，降低生产成本，保证农作物稳定增产、农业增效、农民持续增收具有现实的意义和作用，对于提高肥料利用率、减少肥料浪费，保护农业生态环境、保证农产品质量安全、实现农业可持续发展具有深远的历史意义。

2. 测土配方施肥的基本原理

测土配方施肥以养分归还（补偿）学说、最小养分律、同等重要律、不可代替律、肥料效应报酬递减律和因子综合作用律等理论为依据，以确定不同养分的施肥总量和配比为主要内容。为了充分发挥肥料的最大增产效益，施肥必须与选用良种、水肥管理、种植密度、耕作制度和气候变化等影响肥效的诸因素结合，形成一套完整的施肥技术体系。测土配方施肥的基本原理有3个方面的基本内涵。“测土”：摸清土壤的养分状况，掌握土壤的供肥性能。“配方”：根据土壤缺什么元素，确定补充什么元素，其核心是根据土壤、作物状况和产量要求，确定施用肥料的配方、品种和数量。“施肥”：按照上述配方，合理安排基肥和追肥比例，规定施用时间和方法，以发挥肥料的最大增产作用。

3. 测土配方施肥的基本原则

（1）氮、磷、钾相配合。氮、磷、钾相配合是测土配方施肥的重要内容。随着产量的不断提高，在土壤高强度消耗养分的情况下，必须强调氮、磷、钾相互配合，并补充必要的微量元素，才能获得高产稳产。

（2）有机与无机相结合。实施测土配方施肥必须以有机肥料为基础。增施有机肥料可以增加土壤有机质含量，改善土壤理化性状，提高土壤保水保肥能力，增强土壤微生物的活性，促进化肥利用率的提高。因此，必须坚持多种形式的有机肥料投入，才能够培肥地力，实现农业可持续发展。

（3）大量、中量、微量元素配合。各种营养元素的配合是配方施肥的重要内容，随着产量的不断提高，在耕地高度集约利用的情况下，必须进一步强调氮、磷、钾肥的相互配合，并补充必要的中、微量元素，才能获得高产稳产。

（4）用地与养地相结合，投入与产出平衡。要使作物—土壤—肥料形成物质和能量的良性循环，必须坚持用养结合，投入产出相平衡。破坏或消耗了土壤肥力，就意味着降低了农业再生产的能力。

4. 测土配方施肥的核心环节

（1）测土。在广泛的资料收集整理、深入的野外调查和典型农户调查、掌握耕地立地条件、土壤理化性质与施肥管理水平的基础上，按平均每 100～200 亩农田确定取样单元及取样农户地块，采集有代表性的土样；对采集的土样进行有机质、全氮、水解氮、有效磷、缓效钾、速效钾及中、微量元素等养分的化验，为制定配方和田间肥料试验提供基础数据。

（2）配方。以开展田间肥料小区试验，摸清土壤养分校正系数、土壤供肥量、农作物需肥规律和肥料利用率等基本参数，建立不同施肥分区主要作物的氮、磷、钾肥料效应模式和施肥指标体系，再由专家分区域、分作物根据土壤养分测试数据、作物需肥规律、土壤供肥特点和肥料效应，在合理配施有机肥的基础上，提出氮、磷、钾及中、微量元素等肥料配方。

（3）配肥。依据施肥配方，以各种单质或复混肥料为原料，配置配方肥。目前，推广上有两种方式：一种是农民根据配方建议卡自行购买各种肥料，配合施用；另一种是由配肥企业按配方加工配方肥，农民直接购买施用。

（4）供应。测土配方施肥最具活力的供肥运作模式是通过肥料招投标，以市场化运作、工厂化生产和网络化经营将优质肥料供应到户、到田。

（5）施肥。制定、发放测土配方施肥建议卡到户或供应配方肥到点，并建立测土配方施肥示范区，通过树立榜样田的形式来展示测土配方施肥技术效果，引导农民应用测土配方施肥技术。

5. 测土配方施肥的重点内容

（1）野外调查。资料收集整理与野外定点采样调查相结合，典型农户调查与随机抽样调查相结合，通过广泛深入的野外调查和取样地块农户调查，掌握耕地地理位置、自然环境、土壤状况、生产条件、农户施肥情况以及耕作制度等基本信息，以便有的放矢地开展测土配方施肥工作。

（2）田间试验。田间试验是获得各种作物最佳施肥量、施肥时期、施肥方法的根本途径，也是筛选、验证土壤养分测试技术、建立施肥指标体系的基本环节。通过田间试验，掌握各个施肥单元不同作物优化施肥量，基、追肥分配比例，施肥时期和施肥方法；摸清土壤养分校正系数、土壤供肥量、农作物需肥参数和肥料利用率等基本参数；构建作物施肥模型，为施肥分区和肥料配方提供依据。

（3）土壤测试。土壤测试是制定肥料配方的重要依据之一，随着我国种植业结构的不断调整，高产作物品种不断涌现，施肥结构和数量发生了很大的变化，土壤养分库也发生了明显改变。通过开展土壤氮、磷、钾及中、微量元素养分测试，了解土壤供肥能力状况。

（4）配方设计。肥料配方设计是测土配方施肥工作的核心。通过总结田间试验、土壤养分数据等，划分不同区域施肥分区；同时，根据气候、地貌、土壤、耕作制度等相似性和差异性，结合专家经验，提出不同作物的施肥配方。

（5）校正试验。为保证肥料配方的准确性，最大限度地减少配方肥料批量生产和大面积应用的风险，在每个施肥分区单元设置配方施肥、农户习惯施肥、空白施肥 3 个处理，以当地主要作物及其主栽品种为研究对象，对比配方施肥的增产效果，校验施肥参数，验证并完善肥料配方，改进测土配方施肥技术参数。

（6）配方加工。配方落实到农户田间是提高和普及测土配方施肥技术的最关键环节。目前，不同地区有不同的模式，其中，最主要的也是最具有市场前景的运作模式就是市场化运作、工厂化加工、网络化经营。这种模式适应我国农村农民科技素质低、土地经营规模小、技物分离的现状。

（7）示范推广。测土配方施肥技术想真正落实到田间，既要解决测土配方施肥技术市场化运作的难题，又要让广大农民亲眼看到实际效果，这就需要在推广前，建立测土配方施肥示范区，为农民创建窗口，树立样板，全面展示测土配方施肥技术效果。推广“一袋子肥”模式，将测土配方施肥技术物化成产品，也有利于打破技术推广“最后一公里”的坚冰。

（8）宣传培训。测土配方施肥技术宣传培训是提高农民科学施肥意识、普及技术的重要手段。农民是测土配方施肥技术的最终使用者，迫切需要向农民传授科学施肥方法和模式，同时，还要加强对各级技术人员、肥料生产企业、肥料经销商的系统培训，逐步建立技术人员和肥料商持证上岗制度。

（9）数据库建设。运用计算机技术、地理信息系统（GIS）和全球卫星定位系统（GPS），按照规范化测土配方施肥数据字典，以野外调查、农户施肥状况调查、田间试验和分析化验数据为基础，实时整理历年土壤肥料田间试验和土壤监测数据资料，建立不同层次、不同区域的测土配方施肥数据库。

（10）效果评价。农民是测土配方施肥技术的最终执行者和落实者，也是最终受益者。检验测土配方施肥的实际效果，及时获得农民的反馈信息，不断完善管理体系、技术体系和服务体系。同时，对一定的区域进行动态调查以科学地评价测土配方施肥的实际效果。

（11）技术创新。技术创新是保证测土配方施肥工作长效性的科技支撑。重点开展田间试验方法、土壤养分测试技术、肥料配制方法、数据处理方法等方面的创新研究工作，不断提升测土配方施肥技术水平。

（二）二氧化碳补充技术

1. 二氧化碳补充技术原理

二氧化碳（CO_2）是空气的组成成分，是光合作用的原料。各类植物均需从大气中吸入二氧化碳和水，才能在光能的作用下进行光合作用，合成糖类、蛋白质、脂肪、维生素等多种营养物质，并释放出氧气。据试验，大多数蔬菜的二氧化碳补偿点浓度为 80～100 毫升 / 立方米，最适浓度一般为 600～800 毫升 / 立方米，饱和点为 1 000～1 600 毫升 / 立方米；在补偿点和饱和点之间，二氧化碳的浓度越高，光合作用越旺盛。大气中的二氧化碳浓度一般为 350～450 毫升 / 立方米，低于最适浓度，设施由于密闭保温原因，二氧化碳浓度还要低于大气浓度，在晴天不通风情况下，二氧化碳浓度只有 130～150 毫克 / 千克，因此增加设施空间的二氧化碳浓度，可有效提高作物产量。

2. 二氧化碳补充技术研究现状

（1）二氧化碳补充技术研究现状。二氧化碳施肥早在 20 世纪 20 年代就开始在欧美国家、日本等地推广应用，其中，日本、荷兰等国发展较快。20 世纪 70 年代以来，国外在设施栽培的二氧化碳施肥方面达到研究和应用高潮，挪威有 75%、荷兰有 65% 的温室施用二氧化碳，其他如丹麦、日本、英国、美国等在温室中施用二氧化碳气肥也相当普遍。我国从 80 年代开始进行二氧化碳施肥试验，在北方地区得到了推广和应用，主要作物包括黄瓜、番茄等。研究表明，二氧化碳作为植物生长的能源，是影响植物生长、发育和功能的关键因子之一，它既是植物光合作用的底物，也是初级代谢过程、光合同化物分配和生长的调节者，参与植物体内的一系列生化反应；其浓度升高不仅能够显著提高植物的碳同化速率，还能通过扩大光源利用范围来促进植物的光合作用。美国科学家在新泽西州的一家农场里，利用二氧化碳对不同作物的不同生长期进行了大量的试验研究发现，在农作物的生长旺盛期和成熟期使用二氧化碳，效果明显。在这两个时期中，如果每周喷施两次二氧化碳气体，4～5次后，蔬菜可增产90%，水稻增产70%，大豆增产60%，高粱甚至可以增产200%。

（2）二氧化碳补充技术主要作用。西瓜的二氧化碳补偿点为40毫克/千克，饱和点为2 000毫克/千克。在西瓜、甜瓜保护地栽培的具体研究中发现，应用二氧化碳施肥技术，可以起到明显的增产效果。同时可提高果实品质、健壮植株、使叶片浓绿、加强抗病性、减少打药次数和畸形果。其主要作用具体表现如下。

①促进植株的营养生长：通常增施二氧化碳气肥10～20天后，可改善植株外观性状，茎粗、株高、叶厚、叶面积、叶片数量、叶色等方面表现明显。

②增强作物的抗病能力：增施二氧化碳气肥的作物可以明显降低白粉病、霜霉病等温室常见病害的发病率，从而减少农药的使用量，这对于发展有机绿色食品、降低生产成本都具有积极作用。

③增加坐果和促进果实膨大：在果类蔬菜保护地栽培中增施二氧化碳可显著增加单株的坐果数和单果重，在生长发育前期喷施效果较为明显，可提高茄果类蔬菜坐果率10%以上。

④促进作物提早成熟，延长作物的收获期：保护地栽培的条件下，增施二氧化碳可使果类蔬菜提前7～10天上市，并且能显著延长作物的收获期，其中，果类蔬菜可推迟拉秧期15～30天。

⑤提高产量和质量：增施二氧化碳，可使蔬菜的盛产期提前，前期产量增加，并且能够显著地提高植株的连续坐果能力。

同时能改善果实的营养成分、口感和商品性状。

3. 增施二氧化碳的主要方法

目前，生产中应用的二氧化碳增施方法主要有以下几点。

（1）加强通风。通过棚内外的空气交换使二氧化碳浓度达到内外平衡，并可排出其他有害气体，如氨气、二氧化氮、二氧化硫等，但在冬春季易造成低温冷害。

（2）秸秆生物发酵法。定植前在每个定植畦下挖宽 40 厘米、高 20 厘米的沟，将玉米秸秆和菌剂混匀埋入沟内，后覆土定植，利用微生物发酵玉米秸秆产生二氧化碳。该法经济有效，但费人工。

（3）施用液态二氧化碳。把酒精厂、酿造厂发酵过程中产生的液态二氧化碳装在高压瓶内，在棚内直接施放，用量可根据二氧化碳钢瓶的流量表和大棚体积进行计算，该法清洁卫生，便于控制用量，只是高压瓶造价高，应用受限。

（4）有机物燃烧法。用专制容器在大棚内燃烧甲烷、丙烷、白煤油、天然气等，生成二氧化碳，这种方法材料来源容易，但燃料价格较贵，燃烧时如氧气不足，则会生成一氧化碳，毒害蔬菜和人体，燃烧用的空气应由棚外引进，且燃料内不应含有硫化物，否则燃烧时产生的亚硫酸也会造成危害。

（5）二氧化碳化学发生法。生产中利用稀硫酸加碳酸氢铵产生二氧化碳补充二氧化碳浓度的方法，可用塑料桶做容器进行发生反应，也可用成套设备让反应在棚外发生，再将二氧化碳输入棚内。

（6）吊袋式二氧化碳气肥。吊袋式二氧化碳气肥产品形态为粉末状固体，由二氧化碳发生剂和二氧化碳促进剂组成。使用时将二者搅拌均匀后，吊袋内产生的二氧化碳便在孔中释放出来，供植物吸收进行光合作用。一袋二氧化碳气肥使用面积33平方米，每亩需均匀吊20袋左右。研究表明，经过作物夜间呼吸作用，二氧化碳在凌晨浓度达到最高，见光后开始进行光合作用，二氧化碳浓度开始下降，13时达到最低，随后由于光照减弱，呼吸作用增强，二氧化碳浓度又开始上升，23时后随气温降低，呼吸作用强度减弱，二氧化碳浓度增加变缓，直到翌日凌晨。不同地区，不同设施，不同作物表现略有差别。二氧化碳开始补充施肥时间在9—10时，14时后光合作用减弱，应停止补充。

4. 二氧化碳补充技术注意事项

（1）施肥浓度。空气中浓度一般为300毫升/立方米左右，但蔬菜作物在二氧化碳浓度为600～1 500毫升/立方米时，光合速率最快，果蔬类蔬菜二氧化碳浓度以1 000～1 500毫升/立方米为宜，晴天应取高限，阴天应取低限。采用吊袋式二氧化碳发生剂方式每亩温室挂15～20袋，根据生长周期连续喷2～3次。

（2）提高温度和光照。设施栽培施用二氧化碳肥后，要堵好棚壁塑料薄膜空隙，提高室内保温性能，早晨日出揭苫时及时清除棚顶灰尘和障碍物，增强室内光照强度和升温速度，提高二氧化碳施肥效果。

（3）适当限制通风。二氧化碳施放后，要保持一定的闭棚时间，防止二氧化碳气体逸散至棚外，以提高二氧化碳利用率，降低生产成本。

（4）水肥管理。施用二氧化碳后蔬菜生长速度加快，水肥管理一定要跟上，适当增施磷钾肥，促进植株健壮生长。

（5）避免施肥过量。二氧化碳浓度过高的蔬菜会影响作物对氧气的吸收，不能进行正常的呼吸代谢作用而影响正常的生长发育，引起植株老化、叶片反卷、叶绿素下降等，因此，使用浓度应略低于最适浓度，适当减少施用次数。

（三）石灰氮施用技术

石灰氮又名氰氨化钙，属迟效碱性氮素肥料，也是一种不溶于水的肥料。施入土壤，被土壤胶体上所吸附的氢离子替代，通过逐步分解后，变成植物可吸收的氮素营养。石灰氮分解为尿素过程中所产生的中间产物氰氨对有害生物具有杀灭作用，是一种无公害、安全卫生、无残留、对环境不造成污染的农药肥料。

1. 石灰氮的作用

（1）提供氮素营养。石灰氮是一种无酸根氮肥，在土壤中与水分反应，生成氢氧化钙和氰胺，氰胺水解形成尿素，最后分解成氨，供植物吸收。而在碱性土壤中，氰胺可进一步聚合而形成双氰胺。氰胺和双氰胺都能抑制土壤硝化细菌活性，阻止氨态氮转化为硝态氮，从而减少土壤和蔬菜中的硝酸盐的积累。同时，石灰氮中的氮素在土壤中长期以硝态氮形式存在，不易流失，具有肥效高、持效长的特点。

（2）防止多种蔬菜土传病虫害。利用自然能量防止多种蔬菜土传病虫害的快速增殖和复活，实现土地耕作和消毒同步进行，减少农药使用。石灰氮分解的中间产物氰胺和双氰胺都具有消毒、杀虫、防病的作用，特别对真菌和线虫病效果更好。

同时，由于湿热环境能使杂草在短时期内发芽，而湿热又能加强石灰氮的除草效果，可导致杂草大部分死亡。

（3）减轻重金属污染。降低镉、汞等重金属的溶解度，抑制作物对重金属的吸收，减轻土壤中重金属的污染。

（4）消除土壤酸化。石灰氮的主要成分氧化钙可中和土壤酸性，提高土壤 pH 值，消除土壤酸化现象。

（5）缓解土壤盐分障碍发生。通过漫灌水和施用有机物，快速还原土壤结构，其后自然的落水过程又起到了除盐的作用，能够缓解土壤盐分障碍的发生，即使施用量稍大也不会导致土壤盐分浓度上升。

（6）改良土壤结构。消除土壤板结，增加土壤的透气性，改良土壤结构。

（7）增强土壤微生物活性。增强土壤微生物活性，使土壤微生物群落产生质的改变，促进有机物腐熟分解转化变成氨态氮，提高钾元素的吸收利用率。

2. 石灰氮的施用方法

（1）底肥施用技术。石灰氮粉末易飞扬且有一定的毒性，对作物不安全，一般作基肥施入土壤或与有机肥混合施用，定植前每亩土壤中施入石灰氮 60～70 千克，鸡粪 2 000 千克，作畦后灌水到饱和程度，覆盖透明塑料薄膜，而后盖紧、盖严，让薄膜与土壤之间保持一定空间，以利于提高地温，增强杀菌灭虫效果。一般 7～15 天后揭去薄膜，再闷棚 20 天左右，可根据土壤湿度情况开棚通风，调节土壤湿度，然后疏松土壤即可栽培蔬菜。

（2）石灰氮—秸秆消毒技术。石灰氮遇水分解后氰胺广谱性的杀灭作用和太阳能照射封闭环境下的热力灭菌作用，人为创造药肥与高温灭菌的环境条件，充分协调土壤微生态平衡，有效杀灭秸秆和土壤中的病虫害，达到环保型土壤消毒的要求。其特点在于保持土壤的自然生态体系，获得土壤微生物种群间的平衡。

①操作方法：于前茬作物收获后（6月下旬至7月下旬），将稻草、秸秆或堆肥（最好是锯末、稻谷壳混合堆制）以及石灰氮全面均匀地撒施地面后，立即用手扶拖拉机或大中型拖拉机深耕，使其与土壤充分地混合。为了增大土壤表面积，以提高热吸收效率，畦面要做成窄畦面。用旧的（透明）塑料薄膜覆盖地面，并进行土壤表面的密封。密闭温室，并立即进行畦间漫灌水，需灌水至畦面全部被淹没。密闭期间，如水位下降需再灌入1～2次新水。密闭温室20～30天。经过预定的处理时间后，可除去温室内覆盖的旧薄膜和温室棚膜，恢复自然的旱田状态，进行施肥等移栽准备。

②注意事项：技术的关键点在于使白天太阳光的热量持续到夜间并传导到地下深层。可采用作窄畦、土面覆盖透明薄膜、增施有机物与石灰氮、保持土壤饱水状态等措施，在湿热状态下提高热传导性和保湿性，即“蒸气浴杀菌法”，这也是有机物腐熟所必需的。另外，这样做还具有除草效果。石灰氮的施用量可以根据投入有机物的碳氮比（C/N）进行计算。例如，要使稻草的碳氮比从60下降为20，就必须投入有机物重量1%～1.5%的氮量。因此，如果施入稻草1～2吨，就要施用100千克的石灰氮，这样有利于促进微生物分解；但是，如果

施入的是完全成熟的堆肥或已腐熟的稻谷壳、鸡粪等，则石灰氮的施用量必须相应减少。其他注意事项还有以下几点。一是及时修补、更换破损的地膜、温室棚膜，防止因大棚不能完全密闭，而导致升温效果不佳。二是注意处理时间和时期的控制。三是注意有机物和石灰氮的科学使用。四是温室密闭 10～15 天即可产生效果，也可一直处理到不影响下一季移栽为止。旱地设施由于漫灌水比较困难，可利用管道灌水，只要能做好土壤水分的补充工作，也可以提高消毒效果。

（四）土壤改良剂应用技术

20 世纪 50 年代以前对土壤改良剂的研究只限于天然改良剂，20 世纪七八十年代，土壤改良剂研发和应用进入高潮，我国于 20 世纪 80 年代初期开始研究与应用。2000 年以后，发达国家已经大面积推广与应用土壤改良剂。研究者们从天然有机物、无机物提取，到合成高分子化合物，根据不同土壤类型制成不同改良剂，创造性地解决了高分子吸水材料、土壤矿物质、粉煤灰、纤维素、稀土和植物营养等有机结合的复配制造问题，为土壤改良剂的研发提供了新途径，改良效果有了非常明显的提高。

1. 土壤改良剂及其原理

土壤改良剂又称土壤调理剂，是指可以改善土壤理化性状，促进作物养分吸收，而本身不提供植物养分的一种物料。土壤改良剂能有效改善土壤物理结构，降低土壤容重，增加土壤含水量，改变土壤化学物质，加强土壤微生物活动，提高酶的活性，增加土壤微量元素含量，调节土壤水、肥、气、热状况，最终达到提高土壤肥力的目的。

土壤改良剂种类繁多，不同改良剂具有不同的作用，但其主要作用表现如下。

（1）改善土壤物理性状。改变土壤团粒结构，增加土壤毛管孔隙、非毛管孔隙，减小土壤容重，增加土壤通气度，增加饱和导水率，保蓄水分，减少蒸发，有效提高降水利用效率，如麦糠—锯屑—鸡粪复合改良剂、煤粉灰、沸石、膨润土等。

（2）改良土壤化学性状。增加土壤有机质，调节土壤酸碱度，增强土壤缓冲能力。

（3）增加土壤抗水蚀能力。高分子聚合物土壤改良剂可明显增加土壤水稳性团粒含量，增加土壤抗水蚀能力，水土流失相应减少。

（4）提高土壤离子交换率，改良盐碱地，吸附重金属。沸石、膨润土、蛭石等矿质改良剂增加土壤中的阳离子，土壤中有的重金属有些被交换吸附或被固定，氢离子也由于交换吸附降低了浓度。

（5）增加土壤微生物数量，提高酶活性。土壤中微生物靠有机碳才能生长，施加有机碳土壤改良剂可以增加土壤微生物数量和活性，同时，抑制真菌类、细菌、放线菌活动，减少土传病害。

（6）提高土壤温度。用沥青乳剂作土壤改良剂可明显提高地温。

（7）提高土壤肥力和作物产量。土壤改良剂本身含有大量的微量元素和有机物质，有利于作物生长，可改善作物品质。

2. 土壤改良剂的分类

传统的土壤改良方法，如黏土中加沙土、沙土中加壤土等，添加的物质可称为天然土壤改良剂。现在多采用有机物提取物、天然矿物或人工高分子聚合物等合成土壤改良剂。

（1）矿物类。如泥炭、褐煤、风化煤、石灰、石膏、蛭石、沸石、珍珠岩和海泡石等。

（2）天然和半合成水溶性高分子类。主要有秸秆类多糖类物料、纤维素物料、木质素物料和树脂胶物质。

（3）人工合成高分子化合物。主要有聚丙烯酸类、醋酸乙烯马来酸类和聚乙烯醇类。

（4）有益微生物制剂类等。如海藻提取物、腐殖酸肥等。

3. 常见合成、半合成土壤改良剂

多糖类：目前，国外市场上有销售的藻粉，就是利用富含褐藻酸和糖醛酸的藻类制成的颗粒物，这种物质施于土壤后可改善其保水性和透气性，有利于土壤形成团粒结构，促进树木生长。

碱性硅酸盐：是一种含氟硅酸钠盐或钾盐的分散无定形胶体，施于土壤后能增加土壤胶质，调节土壤孔隙状况。作物定植时与土壤混合后填埋栽植穴或定植后撒在地表或溶于水，在土壤中耕后喷施。

具开张孔隙的合成泡沫：是一种由尿素和甲醛制成的合成泡沫树脂，其孔隙率为70%，含氮30%，持水率50%～70%；施用这种物质能改善土壤通透性，提高保水性能，还能补充土壤氮素。

腐殖酸类改良剂：这类物质是很好的离子交换剂，对钠、氯等有害离子有代换吸附作用，能调节土壤酸碱度。

施用抑盐剂：该剂用水稀释后，喷在地面能形成一层连续性的薄膜。这种薄膜能阻止水分子通过，抑制水分蒸发和提高地温，减少盐分在地表积累。

4. 土壤结构改良剂使用技术研究

（1）土壤结构改良剂的用量。若施用量过小，团粒形成量少，作用不大；施用量过大，则成本高，投资大，有时还会发生混凝土化现象。根据土壤和土壤改良剂性质选择适当的用量是非常重要的。一般天然资源调理剂，施用量可以大一些，而且适宜用量的范围较宽；而人工合成的调理剂，因效能和成本均较高，则用量要少得多。例如，风化煤加入适量氨水或与碳酸氢铵堆腐用于培肥改土，每亩施用量为 30～100 千克，可撒施后耕翻入土或沟施、穴施；聚丙烯酰胺以增加土壤团粒结构为主要目的，适宜用量一般为 1.3～13.3 千克。

（2）土壤结构改良剂的使用方法。可采用撒施、混肥施、溶液喷施等方法，要根据调理剂的不同剂型而定。有的粉剂撒施效果不如溶水施用。如固态聚丙烯酰胺在撒施情况下土壤团聚体和土壤导水率均未增加，而溶于水后施用，土壤的物理性状有较大改善。

（3）施用时土壤墒情。固态施用要在表土墒情适宜时进行，适宜的湿度为田间最大持水量的 70%～80%。液态施用要在土壤干燥、细碎、平整条件下效果较好。虽然土壤改良剂改土效果比较明显，但实际应用还存在不少问题：一是成本高。每亩成本在 40～150 元，使得其推广应用一直受到限制。二是缺乏广适性和专一性。当前设施土壤退化的原因有单纯的过量施肥、过度使用、养分不平衡等，也有多种原因复合的，而土壤改良剂产品种类虽然繁多，但缺乏针对性解决某一方面问题的品种，缺乏科学统一的衡量标准和测试手段。三是缺乏长期的定位试验跟踪和数据验证。许多土壤改良产品的研究结果是短期的试验，没有长期对土壤环境和农产品质与量变化进行研究，使用者对该产品信心不足。四是土壤改良剂对环境、土壤和农产品的副作用还有待于进一步研究，特别是以城市废弃物和污水污泥为原料的产品，还需进一步观察。

（五）水肥一体化施用技术

水肥一体化又称灌溉施肥，是指在灌溉中同时完成施肥的一体化技术。近几十年来，滴灌技术的发展和应用，赋予了灌溉施肥技术新的活力，水肥一体化施用已成为一些国家作物施肥的常规措施，以以色列为例，全国果树、花卉、温室栽培作物和多数大田作物均采用了这一施肥技术，取得了显著的效果。

1. 灌溉施肥的主要优点

（1）水肥同时供应。水肥一体化可以实现水肥同时供应，发挥二者的协同作用。

（2）将肥料直接施入根区。水肥一体化施用技术可将肥料直接施入根区，降低了肥料与土壤的接触面积，减少了土壤对肥料养分的固定，有利于根系对养分的吸收。研究发现，与肥料撒施相比，滴灌施肥可使土壤溶液保持较高的磷浓度，更好地满足作物对化肥的需求，提高化肥的有效利用率。

（3）施肥持续时间长。滴灌施肥持续的时间长，为根系生长维持了一个相对稳定的水肥环境。据研究，滴灌施肥时土壤溶液中硝态氮的浓度稳定在 60～150 毫克 / 千克，而喷灌时硝态氮的浓度在 0～300 毫克 / 千克变化。

（4）灵活调节养分种类和比例。可根据气候、土壤特性、作物不同生长发育阶段的营养特点，灵活调节供应养分的种类、比例及数量等，满足作物高产优质的需要。

（5）减缓和避免土壤质地恶化及地下水污染。这一技术增加了作物对化肥的吸收，避免由于过量灌溉造成的水肥流失及因此而引起的地下水质变差和土壤板结问题。滴灌施肥技术对肥料品种要求较高，必须是杂质少、可溶性高的品种，以避免阻塞滴灌头，普遍采用尿素 + 硫酸钾，也有专用的滴灌肥品种，但价格较高。

2. 水肥一体系统的组成

灌溉施肥一体化装置一般包括四大部分：供水系统、供肥系统、混合过滤系统和灌溉系统。

（1）供水系统。灌溉供水系统是由供水管网、过滤器以及各类阀门组成。作用是将其从水源抽取并经处理过的水按照要求输送分配到每个灌水单元。

（2）供肥系统。这一部分是关键，其功能是按一定的比例使化肥溶液进入灌溉供水网，包括肥料的运输、固体肥料的液化装置、储肥罐以及阻塞阀、压力表、入口阀、出口阀等装置。

（3）混合过滤系统。任何水源都不同程度地含有各种污物和杂质，可分为物理、化学和生物类。物理污物主要指悬浮在水中的砂粒。化学污物主要指溶于水中的碳酸钙和碳酸氢钙等，这些物质在一定条件下会变成不可溶的固体沉淀物。生物污物或杂质主要包括活的菌类、藻类等微生物，它们进入系统后可能繁殖生长而造成管道断面减小或使灌水器堵塞。过滤设置主要有筛网、水砂分离器、过滤器等，根据灌溉水源的水质选用。

（4）灌溉系统。包括田间管网、分叉以及喷头等部分。管网包括：干（支）管和毛管，毛管上安装或连接喷头（灌水器）。喷头分为滴头、滴灌（管）带、微喷头3类。喷头将灌溉系统上游所来的压力水消能后将水变成滴状、雾状等施于所需灌溉的作物根部或叶面。

3. 水肥一体化的混合方法

固体肥料液化和与灌溉水混合是水肥一体化的关键，最简单的装置是在一个储肥桶里直接加入水，通过搅拌使之成为一定浓度的化肥溶液。另外，比较方便实用的装置是直接利用灌溉管道中的水使肥料液化，并使其保持饱和溶液，用另一个罐收集这些饱和溶液，注入灌溉水中。要求管道本身的水压力或者一个外部动力克服灌溉水管网的水压力，使肥料溶液注入灌溉水管中。同时为了保证肥料溶液浓度，在固体肥料溶解时及时补充，使固体肥料罐内始终保留一定数量的浓度。

无土栽培中可建立单独的营养液循环灌溉系统，营养液通过滴头滴入植株根部，多余的营养液通过下部循环系统渗漏回收，进行循环利用，节约水肥。

（六）西瓜施肥技术

1. 西瓜需肥特点

西瓜是葫芦科西瓜属一年生蔓性草本植物。西瓜生育期按生长发育特点不同可分为苗期、抽蔓期、结瓜期。西瓜对土壤适应性较广，适宜在土层深厚、排水良好、肥沃的沙壤土和壤土上栽培。但沙土地一般比较瘠薄，肥料分解和养分消耗流失比较快，植株生长后期容易发生脱肥现象，易早衰，因此，合理施肥是沙土地西瓜优质高产的重要措施。

一般认为每 1 000 千克商品西瓜大约需要氮（N）5.08 千克、磷（P_2O_5）1.56 千克、钾（K_2O）6.4 千克。氮能促进植株正常生长发育，叶片葱绿，瓜蔓健壮；磷能促进碳水化合物的运输，有利于果实糖分的积累，改善果实的风味，同时对根系生长、种子发育和果实成熟有促进作用；钾能促进茎蔓生长健壮和提高茎蔓的韧性，增强抗寒、抗病的能力。西瓜整个生育期对氮、磷、钾三要素的吸收中，以钾最多，氮次之，磷最少。西瓜不同生育阶段对氮、磷、钾的吸收量和吸收比例不同，发芽期吸收量极少，仅占全生育期吸收量的 0.01%，幼苗期吸收量也较少，仅占全生育期的 0.54%，伸蔓期吸收量增加，约占全生育期的 14.65%。以上 3 个时期以营养生长为主，结果期吸肥量最多，约占整个生育期的 84.8%。其中，果实膨大期吸收钾的量最多，与改善西瓜品质密切相关，由此可见西瓜后期施肥的重要。因此，在西瓜施肥管理中，要在施足基肥基础上，在生长关键时期及时追肥，氮、磷、钾合理配施，才能获得优质高产。

2. 施肥技术

在中等肥力水平下，西瓜全生育期一般可以每亩施用优质腐熟农家肥 4 000～5 000 千克，氮肥（N）20～22 千克、磷肥（P_2O_5）7～10 千克、钾肥（K_2O）8～12 千克。有机肥全部用作基肥，氮肥、钾肥分作基肥和追肥施用，磷肥作基肥。

（1）基肥。基肥以有机肥为主，配合适量化肥。有机肥每亩施用农家肥 4 000～5 000 千克。化肥每亩施用尿素 5～6 千克、磷酸二铵 15～20 千克、硫酸钾 5～7 千克，或每亩施用专用复混肥料（瓜类专用基肥）50 千克。

（2）追肥。在西瓜生长发育过程中，需要根据土壤肥力状况和西瓜生长发育状况进行合理追肥，一般全生育期追肥 3～4 次。

伸蔓期追肥：进入伸蔓期，水肥需求量逐渐增加，此时追肥应以促进蔓叶生长、扩大叶面积为目标，但要防止发生徒长。一般可每亩施用尿素 10～12 千克、硫酸钾 3～5 千克，或每亩施用专用复混肥料（瓜类专用追肥）25～30 千克。

果实膨大初期追肥：果实膨大初期果实开始迅速膨大，植株需肥量逐渐达到全生育期最高峰，是追肥的关键时期，此时应重施膨瓜肥，以促进果实膨大和果实内糖分的积累。一般可每亩施用尿素 13～15 千克、硫酸钾 4～6 千克，或每亩施用专用复混肥料（瓜类专用追肥）25～30 千克。

果实膨大中期追肥：果实膨大中期追肥可为果实膨大提供所需养分，并防止早衰，一般每亩施用尿素 10～12 千克、硫酸钾 3～5 千克，或每亩施用复混肥料（瓜类专用追肥）20～25 千克。

（3）根外追肥。在西瓜果实膨大初期和中期，叶面喷施 0.2% 大量元素水溶肥料或 0.5% 尿素和 0.3%～0.5% 磷酸二氢钾水溶液，有利于提高西瓜产量和品质。土壤缺硼、缺铁情况下，可叶面喷施 0.1% 硼砂、0.5% 硫酸亚铁。土壤微量元素不足时也可叶面喷施 0.2% 微量元素水溶肥料，叶面喷肥一般连续喷 2～3 次，每次间隔 7～10 天。设施栽培条件下，增施二氧化碳气肥，可以提高叶片的光合作用强度，防止植株早衰，是增加西瓜糖分、提高产量品质的一项重要措施。

（七）甜瓜施肥技术

1. 甜瓜需肥特点

甜瓜又名香瓜，是葫芦科甜瓜属蔓生植物。甜瓜一生按生长发育特点不同可划分为苗期、抽蔓期、结瓜期。甜瓜对土壤条件要求不高，在沙土、沙壤土、黏土上均可种植，以疏松、土层厚、土质肥沃、通气良好的沙壤土为最好，但沙壤土保水、保肥能力差，有机质含量少，肥力差，植株生育后期容易早衰，影响果实的品质和产量，所以沙质土壤种植甜瓜，要增施有机肥，在生长发育中后期要加强水肥管理，提高土壤保肥供肥能力，满足甜瓜生育后期对养分的需求。

甜瓜需肥量大，形成1 000千克产品需吸收氮（N）2.5～3.5千克、磷（P_2O_5）1.3～1.7千克、钾（K_2O）4.4～6.8千克、钙（CaO）5.0千克、镁（MgO）1.1千克、硅（Si）1.5千克。营养元素在甜瓜的产量形成、品质提高中起着重要的作用，供氮充足时，叶色浓绿，生长旺盛，氮不足时则叶片发黄，植株瘦小，但生长前期若氮素过多，易导致植株疯长，结果后期植株吸收氮素过多，会延迟果实成熟，且果实含糖量低。磷能促进蔗糖和淀粉的合成，提高甜瓜果实的含糖量，缺磷会使植株叶片老化，植株早衰。钾有利于植株进行光合作用，促进糖的合成，施钾能促进光合作用产物的合成和运输，提高产量和品质。钙和硼不仅影响果实糖分含量，而且影响果实外观，钙不足时，果实表面网纹粗糙、泛白，缺硼时果肉易出现褐色斑点。

甜瓜对养分吸收以幼苗期吸肥最少，开花后氮、磷、钾吸收量逐渐增加，并延续至果实成熟。开花到果实膨大末期的1个月左右时间内，是甜瓜吸收养分最多的时期，也是肥料利用的最大效率期。在甜瓜栽培中，铵态氮肥比硝态氮肥肥效差，且铵态氮会影响含糖量，因此，应尽量选用硝态氮肥。甜瓜为忌氯作物，不宜施用氯化铵、氯化钾等肥料。

2. 施肥技术

在中等肥力水平下，甜瓜全生育期一般可以每亩施用优质腐熟农家肥3 000～4 000千克，氮肥（N）18～20千克、磷肥（P_2O_5）5～8千克、钾肥（K_2O）8～10千克。有机肥全部用作基肥，氮、钾肥分作基肥和追肥施用，磷肥作基肥。

（1）基肥。基肥以有机肥为主，配合适量化肥。有机肥每亩施用农家肥3 000～4 000千克。化肥每亩施用尿素5～6千克、磷酸二铵15～17千克、硫酸钾5～6千克，或每亩施用专用复混肥料（瓜类专用基肥）50千克。

（2）追肥。在甜瓜生长发育过程中，需要根据土壤肥力状况和植物生长发育状况进行合理追肥，一般全生育期追肥3～4次。

伸蔓期追肥：在甜瓜抽蔓至开花坐果期，瓜秧生长快，吸收养分速度也快，需要充足的养分，使植株形成很大的营养面积，为高产打下基础。一般可每亩施用尿素9～10千克、硫酸钾3～5千克，或每亩施用专用复混肥料（瓜类专用追肥）20～25千克。

果实膨大初期追肥：开花坐果后果实开始膨大，果实膨大期是甜瓜一生吸收养分量最多的时期，也是肥料利用的最大效率期，要及时追肥浇水，促进果实迅速膨大。一般可每亩施用尿素 13～15 千克、硫酸钾 4～6 千克，或每亩施用专用复混肥料（瓜类专用追肥）25～30 千克。

果实膨大中期追肥：果实膨大中期追肥可以保证中后期的养分供应，一般可每亩施用尿素 9～10 千克、硫酸钾 3～5 千克，或每亩施用专用复混肥料（瓜类专用追肥）20～25 千克。

（3）根外追肥。甜瓜坐果后可叶面喷施 0.2% 大量元素水溶肥料或 0.5% 尿素和 0.3%～0.5% 磷酸二氢钾水溶液，微量元素供应不足时可叶面喷施 0.2% 微量元素水溶肥料，每隔 7～10 天喷 1 次，连喷 2～3 次。设施栽培条件下，可在甜瓜旺盛生长期增施二氧化碳气肥。

（八）肥料知识

1. 肥料类别、性质及使用方法

（1）氮肥。氮肥指具有氮（N）标明量，并提供植物氮素营养的单元肥料。氮肥的主要作用：一是提高生物总量和经济产量。施用氮肥有明显的增产效果，在增加作物产量的作用中氮肥所占份额在磷肥（P）、钾肥（K）等肥料之上。二是改善农产品的营养价值，特别是能增加种子中蛋白质含量，提高农产品的营养价值。常用的氮肥品种可分为铵态氮肥、硝态氮肥、铵态硝态氮肥和酰胺态氮肥 4 种类型，铵态氮肥有硫酸铵、氯化铵、碳酸氢铵、氨水和液体氨；硝态氮肥有硝酸钠、硝酸钙；铵态硝态氮肥有硝酸铵、硝酸铵钙和硫硝酸铵；酰胺态氮肥有尿素、氰氨化钙（石灰氮）。

①碳酸氢铵：

碳酸氢铵的性质 碳酸氢铵简称碳铵，含氮（N）17% 左右，是固体氮肥中含氮量较低的品种。纯品为白色粉末状结晶体，有氨味，易分解，吸湿性强，易结块，较易溶于水。碳铵是一种不稳定的化合物，易分解为氨、二氧化碳和水，造成氮素损失。碳铵溶解度比其他固体氮肥小，但较易溶于水，为生理中性速效性氮肥。执行标准《农业用碳酸氢铵》（GB/T 3559—2001）。

碳酸氢铵的施用 碳酸氢铵适用于各种作物和土壤，长期施用不会影响土质。作基肥，可沟施或穴施。若能结合耕翻深施，效果会更好。施用深度要大于 6 厘米（沙质土壤可更深些），且施入后要立即覆土，只有这样才能减少氮素的损失。作追肥，旱田可结合中耕，要深施 6 厘米以下，并立即覆土，还要及时浇水。水田要保持 3 厘米左右的浅水层，但不要过浅，否则容易伤根，施后要及时进行耕耙，以便肥料吸收。

施用注意事项 一是不能与碱性肥料混合施用，以防止氨挥发，造成氮素损失。二是土壤干旱或墒情不足时，不宜施用。三是施用时勿与作物种子、根、茎、叶接触，以免灼伤植物。四是不宜作种肥，否则可能影响种子发芽。五是无论作基肥或追肥，切忌在土壤表面撒施，以防氮挥发，造成氮素损失或熏伤作物。追肥时不要在刚下雨后或者在露水还未干前撒施。

储存 碳酸氢铵在搬运过程中注意轻搬轻放，防止包装袋破损。在运输与储存中，应注意防潮、防晒、防雨，并储于低温处。不能将产品堆放在日晒或环境潮湿的地方。

②氯化铵：

氯化铵的性质　氯化铵含氮（N）25%，纯品为白色或略带黄色的方形或八面体小结晶，从表面看与食盐非常相似。氯化铵吸湿性比硫酸铵大，比硝酸铵小，不易结块，易溶于水，为生理酸性速效氮肥。执行标准《氯化铵》（GB/T 2946—2018）。

氯化铵的施用　氯化铁适用于粮食作物等，也适用于酸性土壤和石灰性土壤。氯化铵作基肥施用后，应及时浇水，以便将肥料中的氯离子淋洗至土壤下层，减小对作物的不利影响。作追肥时要掌握少量多次的原则。

施用注意事项　一是不能用于烟草、甘蔗、甜菜、茶树、马铃薯等忌氯作物，西瓜、葡萄等作物也不宜长期使用。二是不能用于排水不利的盐碱地上，以免加重土壤盐害。三是氯化铵不适于干旱少雨地区，最适用于水田。四是不宜用作种肥和秧田肥。因为氯化铵在土壤中会生成水溶性氯化物，影响种子的发芽和幼苗生长。

储存　农用氯化铵在储运过程中应保持干燥，避免雨淋受潮、阳光直晒，并避免与碱、酸类物品存放一处。储存时应注意保持仓库的通风干燥，阴凉低温。

③硫酸铵：

硫酸铵的性质　硫酸铵含氮（N）21%，简称硫铵。纯品为白色晶体，含少量杂质时呈微黄色。易溶于水，吸湿性小，不易结块，物理性状良好，化学性质稳定，常温下无挥发，不分解。执行标准《肥料级硫酸铵》（GB/T 535—2020）。

硫酸铵的施用　硫酸铵为生理酸性速效氮肥，一般比较适用于小麦、玉米、水稻、棉花、甘薯、麻类、果树、蔬菜等作物。

对于土壤而言，硫酸铵最适用于中性土壤和碱性土壤，而不适用于酸性土壤。硫酸铵作基肥时要深施覆土，以利于作物吸收。根据不同土壤类型确定硫酸铵的追肥用量。对保水保肥性差的土壤，要分期追肥，每次用量不宜过多；对保水保肥性好的土壤，每次用量可适当多些。土壤水分多少也对肥效有较大的影响，特别是旱地，施用硫酸铵时一定要注意适时浇水。水田作追肥时，则应先排水落干，并且要注意结合耕耙同时施用。此外，不同作物施用硫酸铵时也存在明显的差异，如用于果树时，可开沟条施、环施或穴施。硫酸铵对种子发芽无不良影响，可用作种肥。

施用注意事项 一是不能将硫酸铵与其他碱性肥料或碱性物质接触或混合施用，以防降低肥效。二是不宜在同一块耕地上长期施用硫酸铵，否则土壤会变酸造成板结。如确需施用时，可适量配合施用一些石灰或有机肥。但必须注意硫酸铵和石灰不能混施，以防止硫酸铵分解，造成氮素损失。一般两者的配合施用要相隔 3～5 天。三是硫酸铵不适用于酸性土壤。

储存 硫酸铵在运输过程中应防潮和防包装袋破损，在储存时应注意地面平整，库房内阴凉、通风干燥，严禁与石灰、水泥、草木灰等碱性物质接触或同库存放，包装袋堆置高度应小于 7 米。

④尿素：

尿素的性质 尿素含氮（N）46%，目前是固体氮肥中含氮量最高的品种。纯品为白色或略带黄色的结晶体或小颗粒，吸湿性较小，易溶于水，为生理中性氮肥。执行标准《尿素》（GB/T 2440—2017）。

尿素的施用 尿素养分含量较高，适用于各种土壤和多种作物，尿素适宜作基肥、追肥，最适合作追肥，特别是根外追肥效果好。尿素施入土壤，只有在转化成碳酸氢铵后才能被作物大量吸收利用。由于存在转化的过程，因此，肥效较慢，一般要提前 4～6 天施用。同时还要求深施覆土，施后也不要立即灌水，以防氮素淋至深层，降低肥效。作根外追肥时，尤其是叶面喷施，可很快吸收尿素中的营养成分，利用率也高，增产效果明显。喷施尿素时，对浓度要求较为严格，一般使用浓度露地蔬菜为 0.5%～1.5%，温室蔬菜为 0.2%～0.3%。对于生长盛期的作物，施用尿素的浓度可适当提高。

施用注意事项 一是一般不直接作种肥。因为尿素中含有少量的缩二脲，缩二脲对种子的发芽和生长均有害。如果作种肥时，可将种子和尿素分开下地，切不可用尿素浸种或拌种。二是当缩二脲含量高于 0.5% 时，不可用作根外追肥。三是尿素转化成碳酸氢铵后，在石灰性土壤上易分解挥发，造成氮素损失，因此，要深施覆土。

储存 尿素应储存于场地平整、阴凉、通风干燥的仓库内，包装袋应堆放整齐，堆放高度应小于 7 米。尿素运输和储存过程中应注意防雨、防晒。

⑤硝酸铵：

硝酸铵的性质 硝酸铵含氮（N）34%，简称硝铵。纯品为白色或淡黄色球形颗粒状或结晶细粒状，含氮量高，其中铵态氮和硝态氮各占一半，兼有两种形态氮肥的特性，易溶于水，为生理中性速效性氮肥。因为具有吸湿性极强以及易燃、易爆等硝态氮肥的特性，因此，常把硝酸铵归入硝态氮肥。

硝酸铵的施用 硝酸铵适用于多种类型土壤和作物。硝酸铵可以作追肥，但不宜作基肥，因为硝酸铵施入土壤后，解离成的硝酸根离子容易随水分淋失。硝酸铵也不宜作种肥，因其养分含量较高，吸湿性强，与种子接触会影响发芽。水田施用硝酸铵，氮素易淋失，肥效不如等氮量的其他氮肥。

施用注意事项 一是硝酸铵不能与酸性肥料（如过磷酸钙）和碱性肥料（如草木灰等）混合施用，以防降低肥效。二是在施用时如遇结块，应轻轻地用木棍碾碎，不可猛砸，以防爆炸。

储存 硝酸铵是炸药成分之一，应避免与金属性粉末、油类、有机物质、木屑等易燃、易爆的物品混合储运。硝酸铵可装在清洁干燥有棚布或带有盖的交通工具内运输。硝酸铵不能与石灰氮、草木灰等碱性肥料混合储存。仓库应保持通风干燥、防止受雨雪和地面湿气影响，同时避免阳光直射。在搬运和堆垛时，轻拿轻放，垛与垛、垛与墙之间应保持0.7～0.8米，以利于热量扩散。

（2）磷肥。磷肥具有磷（P）的标明量，以提供植物磷养分为其主要功效的单元肥料。磷是组成细胞核、原生质的重要元素，是核酸及核苷酸的组成部分。磷参与构成生物膜及碳水化合物、含氮物质和脂肪的合成、分解和运转等代谢过程，是作物生长发育必不可少的营养元素之一。合理施用磷肥，可增加作物产量，促进分化和开花结实，提高结果率；增加浆果、甜菜、西瓜等的糖分，薯类作物薯块中的淀粉含量，油料作物籽粒含油量以及豆科作物种子蛋白质含量；在栽种豆科绿肥时，施用适量的磷肥能明显提高绿肥鲜草产量，使根瘤菌固氮量增多，达到通常称为“以磷增氮”的目的。此外，磷还能提高作物抗旱、抗寒和抗盐碱等抗性。

常用磷肥品种有水溶性磷肥、混溶性磷肥、枸溶性磷肥、难溶性磷肥，不同磷肥品种特性如下。

水溶性磷肥：主要有普通过磷酸钙、重过磷酸钙和磷酸铵（磷酸一铵、磷酸二铵），适用于各种土壤、各种作物，但最好用于中性或石灰性土壤。其中磷酸铵为氮、磷二元复合肥料，最适在旱地施用，且磷含量高，在施用时，除豆科作物外，大多数作物直接施用时必须配施氮肥，调整氮、磷比例，否则会造成浪费或因氮、磷比例失调造成减产。

混溶性磷肥：指硝酸磷肥，也是一种氮、磷二元复合肥料，最适宜在旱地施用，在水田和酸性土壤中施用易引起脱氮损失。

枸溶性磷肥：包括钙镁磷肥、磷酸氢钙、沉淀磷肥和钢渣磷肥。这类磷肥不溶于水，但在土壤中被弱酸溶解，然后被作物吸收利用，而在石灰性碱性土壤中，与土壤的钙结合，向难溶性的磷酸盐方向转化，降低磷的有效性，因此，适合在酸性土壤中施用。

难溶性磷肥：常见的有磷矿粉、骨粉等，只溶于强酸，不溶于水，施入土壤后，主要靠土壤中的酸慢慢溶解，才能变成作物能利用的形态，肥效很慢，但是后效很长，适用于酸性土壤中作基肥，也可与有机肥料堆腐或与化学酸性、生理酸性肥料配合施用，效果较好。

①过磷酸钙：

过磷酸钙的性质 过磷酸钙简称普钙，有效磷含量差异很大，一般为12%～18%，纯品为深灰色或灰白色粉末，稍有酸味，易吸湿，易结块，有腐蚀性，易溶于水，为酸性速效磷肥，是应用比较普遍的一种磷肥。

过磷酸钙的施用 过磷酸钙适用于多种作物和多种土壤，可施在中性、石灰性缺磷土壤上，以防止磷在土壤中被固定，能被作物直接吸收。它既可以作基肥和追肥，又可以作种肥和根外追肥。作基肥，对缺少速效磷的土壤，每亩施用量可 50 千克左右，耕地之前均匀撒施一半，结合耕地作基肥，播种前再均匀撒施另一半，结合整地浅施入土，做到分层施磷，这样过磷酸钙的肥料效果就比较好，其有效成分的利用率也高。如与有机肥混合作基肥时，过磷酸钙的每亩施用量应在 20～25 千克。也可采用沟施、穴施等集中施用方法。作追肥，每亩的用量可控制在 20～30 千克，需要注意的是一定要早施、深施，施到根系密集土层处，否则过磷酸钙的效果不佳。若作种肥，过磷酸钙每亩用量应控制在 10 千克左右。作根外追肥，适宜在作物开花前后叶面喷施过磷酸钙溶液，喷施浓度为 1%～3%。

施用注意事项 一是主要用在缺磷的地块，以利于发挥磷肥的增产潜力。二是施用要适量，如果连年大量施用过磷酸钙，则会降低磷肥的效果。三是不能与碱性肥料混合施用，以防酸碱中和降低肥效。四是过磷酸钙使用时要碾碎过筛，否则会影响均匀度及影响肥料的效果。

储存 过磷酸钙在储存和运输过程中应注意防潮、防晒和防包装袋破损。

②重过磷酸钙：

重过磷酸钙的性质 重过磷酸钙简称重钙，含有效磷 40%～50%，是一种高浓度磷肥。纯品为浅灰色颗粒或粉末状，带有酸味。粉末状易吸湿，易结块，有腐蚀性，多制作成颗粒状，不易吸湿，不易结块。易溶于水，为酸性速溶磷肥。

重过磷酸钙的施用　重过磷酸钙适用于各种作物和各类土壤。施用方法与过磷酸钙相同。由于重过磷酸钙含磷量比较高，因而它的施用量比过磷酸钙要少。因为重过磷酸钙中不含具有硫成分的石膏，所以，对喜硫作物，如马铃薯、豆科及十字花科作物等的施用效果在等磷条件下不及过磷酸钙。重过磷酸钙易溶于水，为酸性速效磷肥。由于这种肥料施入土壤后，对磷的固定比较强烈，所以，目前生产量和使用量都比较少。

施用注意事项　施用注意事项与过磷酸钙基本相同，需要注意的是，重过磷酸钙不宜用来蘸秧根，也不宜用来拌种。对于酸性土壤而言，施用前几天最好普施一次石灰。

储存　重过磷酸钙在储存和运输过程中，应注意防潮、防晒和防包装袋破损。

③钙镁磷肥：

钙镁磷肥的性质　钙镁磷肥的外观为灰白色、黑绿色或棕色玻璃状细粉。由于产地不同，产品规格相差较大，一般磷（P_2O_5）的含量为14%～20%，氧化钙（CaO）的含量为25%～40%，是一种以含磷为主，同时含有钙、镁、硅等成分的多元肥料。钙镁磷肥不溶于水，无毒，无腐蚀性，不易吸湿，不易结块，为化学碱性肥料。

钙镁磷肥的施用　钙镁磷肥广泛适用于各种作物和缺磷的酸性土壤，特别适用于南方钙镁淋溶较严重的酸性红壤。最适合于作基肥深施，钙镁磷肥施入土壤后，其中磷只能被弱酸溶解，要经过一定的转化过程，才能被作物利用，所以，肥效较慢，属缓效肥料。一般要结合深耕，将肥料均匀施入土壤，使它与土层混合，以利于溶解及作物的吸收，也可与10倍以上的优质有机肥混拌堆沤1个月以上，沤制好的肥料用作基肥（也可用作种肥、蘸秧根）。钙镁磷肥一般每亩用量要控制在15～20千克，通常亩施钙镁磷肥35～40千克，可隔年施用。

施用注意事项 一是钙镁磷肥与普钙、氮肥配合施用效果比较好，但不能与它们混施。二是钙镁磷肥通常不能与酸性肥料混合施用，否则会降低肥料的效果。三是钙镁磷肥最适合于对枸溶性磷吸收能力强的作物，如油菜、萝卜、豆科绿肥、豆科作物和瓜类等作物，水稻田缺硅时，施用钙镁磷肥效果也好。

储存 钙镁磷肥储存和运输时，应保持仓库的阴凉、通风干燥，堆置高度应小于7米，并应注意防潮、防晒和防包装袋破损。

（3）钾肥。钾肥指具有钾（K）标明量的单元肥料。钾是植物营养三要素之一，与氮、磷元素不同，钾在植物体内呈离子态，具有高度的渗透性、流动性和再利用的特点。钾在植物体中对60多种酶体系的活化起着关键作用，对光合作用也起着积极的作用。钾素营养好的植物，能调节单位叶面积的气孔数和气孔大小，促进二氧化碳（CO_2）和来自叶组织的氧（O_2）的交换，供钾量充足，能加快作物导管和筛管的运输速率，并促进作物多种代谢过程。钾元素被称为“品质元素”。它对作物产品质量的作用主要有以下几点。

一是能促进作物较好地利用氮，增加蛋白质的含量。

二是使核仁、种子、水果和块茎、块根增大，形状和色泽美观。

三是提高油料作物的含油量，增加果实中维生素C的含量。

四是加速水果、蔬菜和其他作物的成熟，使成熟期趋于一致。

五是增强产品抗碰伤和抗自然腐烂能力，延长储运期限。

六是增加棉花、麻类作物纤维的强度、长度和细度及色泽纯度。

七是钾还可以提高作物抗逆性，如抗旱、抗寒、抗倒伏、抗病虫害侵蚀的能力。

钾肥的品种较少，常用的只有氯化钾和硫酸钾，其次是钾镁肥。草木灰中含有较多的钾，常把草木灰当作钾肥施用，另外，也可将少量窑灰钾作为钾肥施用。

①氯化钾：

氯化钾的性质 氯化钾的 K_2O 含量为 60%，纯品为白色、淡黄色、砖红色的结晶体。易溶于水，在水中的溶解度随着温度的升高不断增加，氯化钾呈现化学中性、生理酸性，为速效性钾肥。

氯化钾的施用 氯化钾适用于缺钾土壤及大田作物，也适用于中性石灰性缺钾土壤。当用作基肥时，通常要在播种前 10～15 天，结合耕地将氯化钾施入土壤中。用作追肥时，一般要求在苗长大后再追施。施用时要掌握钾肥经济效益最大时的施用量，一般每亩的施用量控制为 7.5～10 千克。对于保肥、保水能力比较差的沙性土，则要遵循少量多次施用的原则。氯化钾无论用作基肥还是用作追肥，都应提早施用，以利于通过雨水或利用灌溉水，将氯离子淋洗至土壤下层，清除或减轻氯离子对作物的危害。氯化钾不宜作种肥，因为氯化钾肥料中含有大量的氯离子，会影响种子的发芽和幼苗的生长。不宜用在

“忌氯作物”上，在对氯敏感的作物上不宜施用，如烟草、甜菜、甘蔗、甘薯、马铃薯、葡萄、果树、茶树等。

施用注意事项 一是氯化钾与氮肥、磷肥配合施用，可以更好地发挥其肥效。二是透水性差的盐碱地不宜施用氯化钾，否则会增加对土壤的盐害。三是沙性土壤施用氯化钾时，要配合施用有机肥。四是酸性土壤一般不宜施用氯化钾，如要施用，可配合施用石灰和有机肥。

储存 在氯化钾的储存和运输过程中，应防止受潮和包装袋的破损。

②硫酸钾：

硫酸钾的性质 硫酸钾的 K_2O 含量为 50%，为白色或带灰黄色的结晶体，易溶于水，溶解度随温度上升而增大。吸湿性较低，不易结块，物理性状优于氯化钾。硫酸钾为化学中性、生理酸性肥料。

硫酸钾的施用 硫酸钾广泛适用于各类土壤和各种作物，特别是对氯敏感的作物。旱田用硫酸钾作基肥时，一定要深施覆土，以减少钾的晶体固定，并利于作物根系吸收，提高利用率。作追肥时，由于钾在土壤中移动性较小，应集中条施或穴施到根系较密集的土层，以促进吸收。沙性土壤常缺钾，宜作追肥以免淋失。作种肥每亩用量 1.5～2.5 千克，也可配制成 0.2%～0.3% 的溶液，作根外追肥。

施用注意事项 一是对于水田等还原性较强的土壤，硫酸钾不及氯化钾，主要是易产生硫化氢毒害，酸性土壤宜配合施用石灰。二是硫酸钾价格比较贵，在一般情况下，除对氯敏感的作物外，能用氯化钾的就不用硫酸钾。三是对十字花科作物和大蒜等需硫较多的作物，效果较好，应优先调配使用。

储存 在硫酸钾运输和储存过程中，应防止受潮和防止包装袋的破损。

（4）中量元素肥料。中量元素肥料指钙、镁、硫、硅肥，中量元素是作物生长过程中需要量次于氮、磷、钾而高于微量元素的营养元素，占作物体的0.1%～0.5%。这些元素在土壤中存量较多，同时在施用大量元素时能够得到补充，一般情况下可满足作物的需求。但随着氮、磷、钾高浓度而不含中量元素的化肥的大量施用，以及有机肥投入的减少，近年来在一些土壤和作物上中量元素缺乏的现象逐渐增加，应根据作物种类和土壤条件及环境等因素的不同，合理施用不同中量元素肥料。

①钙肥：

含钙肥料的种类及性质 作物吸收钙的数量小于钾大于镁，钙的主要营养功能是能够稳定细胞膜结构，保持细胞的完整性，有助于生物膜有选择性地吸收离子，稳固细胞壁，促进细胞伸长，增强植物对环境胁迫的抗逆能力，防止植物早衰，提高作物品质，促进根系生长。植物缺钙生长受阻，节间较短，较一般正常生长的植株矮小，而且组织柔软。缺钙植株的顶芽、侧芽、根尖等分生组织首先出现缺素症，易腐烂死亡，幼叶卷曲畸形，叶缘开始变黄并逐渐坏死。缺钙使甘蓝、白菜和莴苣等出现叶焦病，番茄、辣椒、西瓜等出现脐腐病，苹果出现苦痘病和水心病。施用钙肥可以补充土壤中的钙，调节土壤理化性质，改良土壤，防治作物的缺钙症状。钙肥的主要品种有石灰、石膏、普通过磷酸钙、重过磷酸钙、钙镁磷肥等。

钙肥的施用方法

A. 石灰的施用：石灰可分为生石灰、熟石灰和石灰石粉，属强碱性。土壤施用石灰除补充作物钙外，可调节酸性土壤酸碱程度，改善土壤结构；促进土壤有益微生物的活动，加速有机质分解和养分释放；能减轻土壤中铁、铝离子对磷的固定，提高磷的有效性；能杀死土壤中病菌和虫卵以及消灭杂草。石灰主要用于酸性土壤，可以作基肥，亦可作追肥。

基肥：结合整地将石灰与农家肥一起施入，也可以结合绿肥压青和稻草还田进行。水稻秧田一般亩施 15～25 千克，本田亩施 50～100 千克。旱地亩施 25～50 千克，用于改土亩施 150～250 千克。

追肥：基肥未施石灰的可在作物生育期间追施，水稻可结合中耕亩施 25 千克左右，旱地亩施 15 千克，可以条施或穴施。

施用石灰应注意几点：首先，石灰不宜使用过量，否则会加速有机质大量分解，使土壤肥力下降，并易引起土壤板结和结构破坏；其次，石灰呈碱性，应施用均匀，以防止局部土壤碱性过大，影响作物生长，应避免与种子或根系接触；再次，对小麦、大麦等不耐酸的作物可适当多施，豆类、甜菜、水稻等中等耐酸作物可以少施，马铃薯、烟草、茶树等耐酸强作物可以不施。石灰残效期有 2～3 年，一次施用量较多时，不要年年施用。

B. 石膏的施用：农用石膏有生石膏、熟石膏和磷石膏 3 种，呈酸性。主要用于碱性土壤，消除土壤碱性，起到改土和供给作物钙、硫营养的作用。石膏可以作基肥，作追肥，也可以作种肥等。

作为改碱施用：宜作基肥，一般在土壤 pH 值为 9 以上含有碳酸钠的碱土中施用石膏，亩施 100～200 千克，结合灌排水深翻入土，后效长，不必年年都施。为提高改土效果，应施用绿肥或与农家肥和磷肥配合施用。

作为钙、硫营养施用：水田作基肥或追肥亩用量 5～10 千克，蘸秧根亩用量 3 千克左右。旱地撒施于土表，再结合翻耕作基肥，基施亩用量 15～25 千克，也可以作为种肥条施或穴施，作种肥亩施 4～5 千克。

②镁肥：

含镁肥料的种类及性质 镁对植物代谢和生长发育具有很重要的作用，主要用于植物叶绿素合成、光合作用、蛋白质合成、酶的活化等方面。不同植物含镁量不同，豆科植物地上部分的含镁量是禾本科的 2～3 倍。植株缺镁，叶绿素含量下降，出现失绿症，植株矮小，生长缓慢。双子叶植物缺镁叶脉间失绿，并逐渐由淡绿色转变为黄色或白色，还会出现大小不一的褐色或紫红色斑点或条纹，严重时叶片坏死。禾本科植物缺镁，叶基部叶绿素积累出现暗绿色斑点，其余部分淡黄色，严重时叶片褪色而有条纹，典型症状是叶尖出现坏死斑点。缺镁首先表现在老叶上，如得不到补充则发展到新叶。镁肥的主要品种有硫酸镁、氯化镁、钙镁磷肥等。

镁肥的施用：

作基肥、追肥：作基肥要在耕地前与其他化肥或有机肥混合撒施或掺细土后单独撒施。作追肥要早施，采用沟施或兑水冲施。每亩硫酸镁的适宜用量为 10～13 千克，折纯镁为每亩 1～1.5 千克，一次施足后，可隔几茬作物再施，不必每季作物都施。

叶面喷施：在作物生长前期、中期进行叶面喷施。不同作物及同一作物的不同生育时期要求喷施的浓度往往不同，一般硫酸镁水溶液喷施浓度蔬菜为 0.2%～0.5%。镁肥溶液喷施量为每亩 50～100 千克。

施用注意事项：首先，镁肥要用于缺镁的土壤。一般认为高度淋溶的土壤，pH 值＜6.5 的酸性土壤，有机质含量低、阳离子代换量低、保肥性能差的土壤易缺镁。另外，因施肥不合理，长期过量施用氮肥、钾肥、钙肥的土壤，也会因离子间的拮抗而出现缺镁。其次，镁肥要用于需镁较多的作物，一是经济作物，如果树、蔬菜、棉花和叶用经济作物桑树、茶树、烟草等；二是豆科作物，如大豆、花生等。最后，施用镁肥要根据土壤酸碱度选用镁肥品种，对中性及碱性土壤，宜选用速效的生理酸性镁肥，如硫酸镁；对酸性土壤，宜选用缓效性的镁肥，如白云石、氧化镁等。

③硫肥：

硫肥的种类及性质 硫的主要营养功能是在蛋白质合成和代谢、电子传递中有重要作用。缺硫植株蛋白质合成受阻导致失绿症，其外观症状与缺氮很相似，缺硫症状往往先出现于幼叶，而缺氮先发生在老叶。缺硫新叶失绿黄化，茎细弱，根细长而不分枝，开花结实推迟，果实减少。十字花科作物对缺硫十分敏感，四季萝卜常作为鉴定土壤硫营养状况的指示植物。豆科植物对缺硫敏感，苜蓿缺硫叶呈淡黄绿色，小叶比正常叶更直立，茎变红，分枝少，大豆缺硫新叶呈淡黄绿色，严重时整株黄化，植株矮小。小麦缺硫新叶脉间黄化，老叶仍保持绿色，缺硫使植物体内蛋白质含量降低，因此，会导致面粉的烘烤质量变差。施用硫肥能够直接供应硫素营养，由于硫肥还含有其他成分，故还能提供钙、镁等其他营养元素。硫肥的主要品种有硫酸钙、硫酸铵、硫酸镁和硫酸钾等。

硫肥的施用 常用的硫肥品种可作基肥、追肥和种肥。一般因作物种类、土壤类型、施肥目的不同，硫肥施用数量、施用方法和施肥时期而异。作物在临近生殖生长期时是需硫高峰，因此，硫肥应该在生殖生长期之前施用，一般作为基肥施用较好，如果在作物生长过程中发现缺硫，可以用硫酸铵等速效性硫肥作追肥或喷施。施用量应根据土壤缺硫程度和作物需求量来确定，一般缺硫土壤每亩施 1.5～3 千克硫可以满足当季作物硫的需要，每亩可以施过磷酸钙 20 千克或硫酸铵 10 千克，也可以每亩施石膏粉 10 千克或硫黄粉 2 千克。硫肥可单独施用，也可以和氮、磷、钾等肥料混合，结合耕地施入土壤。

（5）微量元素肥料。微量元素肥料指作物正常生长发育所必需的微量元素，通过工业加工过程制成的，在农业生产中作为肥料施用的化工产品，简称微肥。20 世纪五六十年代以施用有机肥为主、化肥为辅的情况下，微量元素缺乏并不突出，随着大量元素肥料施用量增加，作物产量大幅提高，加之有机肥投入比重下降，土壤缺乏微量元素状况随之加剧，但不同土壤质地、不同作物对微量元素的需求存在差异，应根据土壤微量元素有效含量确定丰缺情况，做到缺素补素。一般情况下，在土壤微量元素有效含量低时易产生缺素症，所补给的微量元素才能达到增产效果。

①铁肥：

铁肥的种类与性质 铁是叶绿素合成所必需的，缺铁时叶绿体结构被破坏，导致叶绿素不能形成，铁参与体内氧化还原反应和电子传递，铁还参与植物呼吸作用。对铁敏感的作物有豆类、高粱、甜菜、菠菜、番茄、苹果、柑橘、桃树等。一般情况下，禾本科和其他一些农作物很少见到缺铁现象，而果树缺铁较为普遍。植物缺铁总是从幼叶开始，典型的症状是在叶片的叶脉间和细胞网状组织中出现失绿现象，在叶片上往往明显可见叶脉深绿而脉间黄化，黄绿相间相当明显，严重缺铁时叶片上出现坏死斑点，叶片逐渐枯死，缺铁时根系还可能出现有机酸的积累。铁在植物体内移动性很小，植物缺铁常在幼叶上表现出失绿症。铁肥的主要品种包括硫酸亚铁、硫酸亚铁铵及螯合态铁等。硫酸亚铁含铁 19%～20%，浅蓝绿色结晶，易溶于水。硫酸亚铁铵含铁 14%，呈淡青色结晶，易溶于水。螯合态铁 FeEDTA，含铁 5%～14%，易溶于水。

铁肥的施用

基施：生产上最常用的铁肥是硫酸亚铁，用 5～10 千克硫酸亚铁与 200 千克有机肥混合后施到果树下，可以克服果树缺铁失绿症。

叶面喷施：叶面喷施硫酸亚铁可避免土壤对铁的固定。一般喷施浓度 0.2%～0.5%，每隔 7 天左右喷 1 次，连续喷 2～3 次。若在铁肥溶液中加配尿素和柠檬酸，则会收到良好的效果，先在 50 千克水中加入 25 克柠檬酸，溶解后加入 125 克硫酸亚铁，待硫酸亚铁溶解后再加入 50 克尿素，即配成 0.25% 硫酸亚铁 +0.05% 柠檬酸 +0.1% 尿素的复合铁肥。对于根外追肥不方便的果树还可以将 0.75% 硫酸亚铁溶液注入树干或将固体硫酸亚铁埋藏于树干中，每株 1～2 克。

②铜肥：

铜肥的种类与性质　铜参与植物体内氧化还原反应，铜构成铜蛋白并参与光合作用，铜是超氧化物歧化酶（SOD）的重要组分，铜参与氮素代谢，影响固氮作用，铜能够促进花器官的发育。不同作物对铜的反应不同，单子叶植物对铜比较敏感，麦类作物最敏感，双子叶植物敏感性较差。缺铜明显特征是花的颜色发生褪色现象，禾谷类作物表现为植株丛生，顶端逐渐变白，症状从叶尖开始，严重时不抽穗，或穗萎缩变形，结实率降低或籽粒不饱满、不结实，果树顶梢叶片呈叶簇状，叶和果实褪色，严重时顶梢枯死，并向下发展。用作铜肥的有硫酸铜、碱式硫酸铜、硫铁矿渣等。常用的为硫酸铜，有效铜含量 25%～35%，蓝色结晶，易溶于水。

铜肥的施用　硫酸铜可作基肥、种肥和根外追肥，多用作种肥和根外追肥。除硫酸铜外，其他品种铜肥只能作基肥。施用铜肥只有在确诊为缺铜的情况下方可应用。

基肥：硫酸铜作基肥，一般用量每亩 1～2 千克，每隔 3～5 年施用 1 次。

种肥：硫酸铜作种肥，每千克种子用 1～2 克硫酸铜，用少量水溶解后喷在种子上或用浓度为 0.01%～0.05% 硫酸铜溶液浸种。

根外追肥：叶面喷施浓度为 0.02%～0.04% 硫酸铜溶液。可在硫酸铜溶液中加入少量熟石灰，以避免药害。

③锰肥：

锰肥的种类和性质 锰直接参与光合作用，是维持叶绿体结构所必需的元素，可调节酶的活性，促进种子萌发和幼苗生长。不同作物或同一种作物的不同品种对锰的敏感程度不同，燕麦、小麦、豌豆、菜豆、菠菜、甜菜、苹果、桃树、山莓、草莓是对锰敏感的作物，而大麦、水稻、三叶草、苜蓿、白菜、花椰菜、马铃薯、番茄对锰中度敏感，玉米、黑麦、牧草对锰不敏感。作物缺锰时，一般幼小到中等叶龄的叶片最易出现症状。缺锰典型症状是燕麦灰斑病、豌豆杂斑病、棉花和菜豆皱叶病。作物缺锰的症状有早期和后期两个阶段，在早期缺锰阶段，叶片的主脉和侧脉附近呈深绿色、带状，叶脉间则为浅绿色，到了中期，叶片的主脉和侧脉附近的带状区变成暗绿色，叶脉间为浅绿色的失绿区，并且逐渐扩大，到后期严重缺锰的阶段，叶脉间的失绿区变成灰绿色到灰白色，叶片薄，枝条有顶枯现象，长势很弱。常用的锰肥有硫酸锰、氯化锰、碳酸锰、氧化锰、含锰的玻璃肥料及含锰的工业废渣等。硫酸锰含锰量为 24%～28%，为粉红色晶体，易溶于水。氯化锰有效锰含量 17%，浅红色结晶，易溶于水。

锰肥的施用 锰肥可作基肥、种肥或根外追肥。但主要用于种子处理和根外追肥。

基肥：难溶性锰肥如含锰的工业废渣一般用作基肥，每亩用量 5～10 千克。硫酸锰一般每亩用 1～2.5 千克，与生理酸性化肥或农家肥混合条施或穴施。

浸种：浓度为 0.05%～0.1% 硫酸锰溶液，浸种 8 小时，晾干后播种。

拌种：每千克种子用 4～8 克硫酸锰，先用少量水溶解后再拌种，晾干后播种。

根外追肥：一般每亩用 0.1%～0.2% 硫酸锰溶液 50～75 千克，果树喷施浓度为 0.3%～0.4%，在苗期至生长盛期叶面喷施 2～3 次。

④锌肥：

锌肥的种类与性质 锌是某些酶的组分或活化剂，参与生长素的代谢，参与光合作用中 CO_2 的水合作用，促进蛋白质的代谢，促进生殖器官发育和提高抗逆性。植物对锌的敏感程度因作物种类不同而有差异，对锌敏感作物有玉米、水稻、甜菜、大豆、菜豆、柑橘、梨、桃、番茄等，其中以玉米和水稻最为敏感，通常可作为判断土壤有效锌丰缺的指示植物，多年生果树也对锌比较敏感。缺锌对果实品质影响很大。植物缺锌生长受抑制，尤其是节间生长会严重受阻，并表现出叶片的脉间失绿或白化。果树缺锌时表现为叶片狭小，丛生呈簇状，芽孢形成减少，树皮显得粗糙易碎，典型症状是果树“小叶病”“繁叶病”。锌肥的主要品种有硫酸锌、氯化锌、碳酸锌、硝酸锌、氧化锌、硫化锌、螯合态锌、含锌复合肥、含锌混合肥和含锌玻璃肥料等。其中以硫酸锌和氯化锌最为常用，氧化锌次之。硫酸锌含锌 23%，白色针状结晶或粉状结晶，易溶于水，水溶液的 pH 值接近中性，易吸湿，是目前最常用的锌肥，适用于各种施用方法。氧化锌含锌量 78%，白色或淡黄色非晶性粉末，不溶于水，在空气中能缓慢吸收二氧化碳和水，生成碳酸锌，由于溶解度小、移动性差，故肥效长，施用 1 次可长期有效，但供当季作物吸收的锌少，常配成悬浮液蘸根施用。

锌肥的施用 水溶性锌肥既可作基肥，又可作追肥或根外追肥，亦可拌种或浸种，而非水溶性锌肥一般只适合作基肥。

基肥：一般每亩用量为硫酸锌 1～2 千克。由于用量较少，锌肥可与有机肥料或生理酸性肥料混合施用，但不宜与磷肥混施。锌在土壤中不易移动，应施在种子附近，但不能直接接触种子。对于缺锌土壤，锌肥不仅对当季作物有效，而且还有后效，一般 2～3 年施用 1 次即可。

追肥：可将锌肥直接施入土壤，一般每亩用量硫酸锌 1～2 千克。最好集中施用，条施或穴施在根系附近，以利于根系吸收，提高锌肥的利用率。

种肥：常将硫酸锌用于拌种，每千克种子加 2～3 克硫酸锌，用少量水溶解，喷在种子上，边喷边拌，用水量以能拌匀种子为宜，晾干后即可播种。浸种是用浓度为 0.02%～0.05% 硫酸锌溶液，浸种 8～10 小时，捞出晾干播种。蘸根是在移栽定植时，将植物根部在 1% 氧化锌悬浮液中蘸一下再栽植。

叶面喷施：用 0.1%～0.2% 硫酸锌溶液叶面喷施，连续喷 2～3 次，每次间隔 7～10 天。

⑤硼肥：

硼肥的种类与性质 硼能够促进植物体内碳水化合物的运输和代谢，促进半纤维素及细胞壁物质合成，促进细胞伸长和细胞分裂，促进生殖器官的建成和发育，调节酚的代谢和木质化作用，提高豆科作物根瘤固氮能力等。需硼较多的作物有油菜、甜菜、苜蓿、三叶草、白菜、大豆、花椰菜、萝卜、芹菜、莴笋、向日葵、茉莉花、苹果、桃等。植物缺硼的主要症状是茎尖生长点生长受抑制，严重时枯萎，甚至死亡。老叶叶片变

厚变脆畸形，枝条节间短，出现木栓化现象。根的生长发育明显受阻，根短粗兼有褐色。生殖器官发育受阻，结实率低，果实小、畸形，导致种子和果实减产，严重时有可能绝收。对硼敏感的作物常会出现许多典型的症状，如甜菜“腐心病”、油菜“花而不实”、棉花“蕾而不花”、花椰菜“褐心病”、小麦“穗而不实”、芹菜“茎折病”、苹果“缩果病”等。缺硼不仅影响产量，而且明显影响品质。硼肥种类很多，常用的硼肥有硼砂、硼酸、硼镁肥、硼镁磷肥。硼砂含硼11%左右，为无色透明结晶或白色粉末，溶于水。硼酸含硼17%，无色透明结晶或白色粉末，易溶于水。硼镁肥是制取硼砂的残渣，灰色或灰白色粉末，所含硼主要是硼酸形态，能溶于水，含硼1%左右，含镁20%～30%。硼镁磷肥含硼0.6%左右，含镁10%～15%，含有效磷6%左右，是一种含大中量元素（磷、镁）和微量元素（硼）的复合肥料。另外，还有含硼石膏、含硼黏土、含硼过磷酸钙、含硼过硝酸钙、含硼碳酸钙。硼泥含硼量约为2%，是生产硼肥时的下脚料，可直接施入田间。

硼肥的施用

基肥：硼肥的施用方法与土壤硼含量有关。当土壤严重缺硼时，一般采用基施效果好。一般每亩施用0.5～0.75千克硼砂，与干细土或有机肥混匀后开沟条施或穴施，或与氮、磷、钾等肥料配合使用，也可单独施用，一定要施得均匀，不宜深翻或撒施。用量不能过大，每亩硼砂用量超过2.5千克时，会降低出苗率，甚至死苗减产。不要使硼肥直接接触种子或幼苗，以免影响发芽、出苗和幼苗幼根生长。

浸种：浸种宜用硼砂或硼酸溶液，先用40℃的水将硼砂溶解，再用冷水稀释成0.01%～0.03%水溶液，将种子倒入溶液中，浸泡6～8小时，种液比为1：1，捞出晾干后即可播种。

叶面喷施：轻度缺硼的土壤通常采用根外追肥的方法。喷施浓度为0.1%～0.25%硼砂或硼酸溶液，用量为每亩50～75千克水溶液，不同作物适宜的喷施时期不同，一般喷施2～3次。

⑥钼肥：

钼肥的种类与性质 钼是硝酸还原酶和固氮酶的组成成分，能够促进植物体内有机含磷化合物的合成，参与体内光合作用和呼吸作用，促进繁殖器官的建成。不同作物对钼肥的需求及对用肥的效应差别很大，豆科作物、豆科绿肥和豆科牧草施用钼肥效果很好，十字花科对钼也较敏感，玉米、柑橘、烟草、马铃薯等在严重缺钼土壤上施钼也有较好的效果。缺钼的共同特征是植株矮小、生长缓慢，叶片失绿，且有大小不一的黄色或橙黄色斑点，严重缺钼时叶片萎蔫，有时叶片扭曲成杯状，老叶变厚、焦枯，以致死亡。十字花科的花椰菜缺钼最典型的症状是叶片明显缩小，呈不规则状的畸形叶，或鞭尾状叶，通常称为“鞭尾病”或“鞭尾现象”。钼肥主要品种有钼酸铵、钼酸钠等。钼酸铵是青白或黄白色晶体，易溶于水，含量为50%～54%。钼酸钠为青白色晶体，易溶于水，含量为35%～39%。

钼肥的施用 钼肥可作基肥、种肥和根外追肥。由于钼肥是作物需要量最少的微量元素，且价格昂贵，所以钼肥用量应尽量减少，一般作根外追肥、浸种和拌种。并且由于用量少，难于施匀，应少作基肥。

基肥：钼肥可以单独使用，也可和其他化肥及有机肥混合施用，最好与磷肥配合施用。如果单独使用，可拌干细土 10 千克，搅拌均匀后施用，或撒施翻耕入土，或开沟条施或穴施，钼酸铵、钼酸钠每亩用量 50～100 克。

拌种：每千克种子用 1～2 克钼酸铵，先用少量温水溶解再用水配成 0.2%～0.3% 溶液，喷施在种子上，边喷施边搅拌，但喷液不能过多，以免种皮起皱，造成烂种，拌好后将种子阴干后即可播种。

浸种：一般用 0.05%～0.1% 钼酸铵溶液，浸种 12 小时。

根外追肥：将钼酸铵或钼酸钠先用约 50℃的水溶解，然后配成 0.02%～0.05% 溶液，在苗期和花期喷施 1～2 次。每次每亩喷施溶液 50～75 千克。

（6）复混肥料。复混肥料（复合肥料）指氮、磷、钾 3 种养分中，至少有两种养分标明量的由化学方法和（或）掺混方法制成的肥料。根据含有养分元素的种类可分为二元复混肥料和三元复混肥料；根据总养分含量可分为低浓度复混肥料、中浓度复混肥料和高浓度复混肥料；根据制造工艺和加工方法可分为复合肥料、复混肥料和掺混肥料。

①复合肥料：复合肥料指氮、磷、钾 3 种养分中，至少有两种养分标明量的由化学方法制成的肥料，是复混肥料的一种。常见的复合肥料种类主要包括磷酸一铵、磷酸二铵、磷酸二氢钾、硝酸钾和硝酸磷肥等。

主要优点：一是复合肥料含有两种或两种以上的作物需要的元素，养分含量高，能比较均衡和长时间地供应作物需要的养分，提高施肥增产效果；二是复合肥料一般为颗粒状，吸湿小，不结块，具有一定的抗压强度和粒度，物理性状好，可以改善某些单质肥料的不良性状，便于储存，施用方便，特别是利于机械化施肥；三是复合肥料既可以作基肥和追肥，又可以作种肥，适用的范围比较广；四是复合肥料副成分少，在土壤中不残留有害成分，对土壤性质基本不会产生不良影响。

主要缺点：首先是氮、磷、钾养分比例相对固定，不能满足各种土壤和各种作物对养分的需求，所以，在复合肥料施用的过程中一般要配合单质肥料的施用，才能满足各类作物在不同生育阶段对养分种类、数量的要求，达到作物高产对养分的平衡需求；其次，复合肥料所含养分同时施用，有的养分含量可能与作物最大需肥时期养分需求不相吻合，易流失，难以满足作物某一时期对某一养分的特殊要求，不能发挥本身所含各养分的最佳施用效果。

磷酸一铵、磷酸二铵

A. 磷酸一铵、磷酸二铵的性质：磷酸一铵、磷酸二铵中含有氮、磷两种养分，属于氮、磷二元型复合肥料，是发展最快、用量最大的复合肥料之一。执行标准《磷酸一铵、磷酸二铵》（GB/T 10205—2009）。

磷酸一铵又称磷酸铵，含磷 60% 左右，含氮 12% 左右，灰白色或淡黄色颗粒，不易吸湿，不易结块，易溶于水，化学性质呈酸性，是以含磷为主的高浓度速效氮、磷复合肥。

磷酸二铵简称二铵，含磷 46% 左右，含氮 18% 左右，白色结晶体，吸湿性小，稍结块，易溶于水，制成颗粒状产品后不易吸湿，不易结块，化学性质呈碱性，是以含磷为主的高浓度速效氮、磷复合肥。

B. 磷酸一铵、磷酸二铵的鉴别：

看外观：磷酸二铵均为颗粒状，多数磷酸一铵为颗粒，部分国产磷酸一铵为粉末状。

看颜色：磷酸一铵和磷酸二铵为灰色、灰白色或灰褐色，也有的磷酸二铵为浅黄色。

观察溶解性：磷酸一铵和磷酸二铵很容易全部溶解于水。

测量 pH 值：利用 pH 试纸测试磷酸一铵或磷酸二铵溶液 pH 值，磷酸一铵溶液的 pH 试纸呈红色，溶液呈酸性；磷酸二铵溶液的 pH 试纸呈蓝色，溶液呈碱性。

观察铁片灼烧：将铁片烧红后，取少量的磷酸一铵和磷酸二铵放于其上，能观察到磷酸二铵颗粒变小，并放出刺激性的氨味。

C. 施用：磷酸一铵、磷酸二铵是以磷为主的高浓度速效氮、磷复合肥。它不仅适用于各种类型的作物，而且适宜于各种类型的土壤条件，特别是在碱性土壤和缺磷比较严重的土壤，增产效果十分明显，可以作基肥，也可作追肥或种肥。

作基肥、追肥：最适合于作基肥，一般亩用量在 15～25 千克。对于高产作物而言，还可适当提高每亩的用量。通常在整地前结合耕地，将肥料施入土壤，也可在播种后，开沟施入。

作种肥：磷酸二铵作种肥时，通常是在播种时将种子与肥料分别播入土壤，不能与种子直接接触。每亩用量一般控制在 2.5～5 千克。

D. 施用注意事项：一是不能将磷酸二铵与碱性肥料混合施用，否则会造成氮的挥发，同时还会降低磷的肥效。二是已经施用过磷酸二铵的作物，在生长的中后期，一般只补施适量的氮肥，不再需要补施磷肥。三是除豆科作物外，大多数作物直接施用时需配施氮肥，调整氮、磷比。

E. 储存：磷酸一铵、磷酸二铵在储存和运输过程中，应防雨、防潮、防晒、防包装袋破损。

磷酸二氢钾

A. 磷酸二氢钾的性质：磷酸二氢钾含磷 52%、含钾 34% 左右。纯品为白色或灰白色结晶体，物理性状好，吸湿性小，易溶于水，水溶液呈酸性，为高浓度速效磷、钾二元型复合肥料。执行标准《肥料级磷酸二氢钾》（HG/T 2321—2016）。

B. 磷酸二氢钾的鉴别：

看形状：一般为结晶体或粉末。

看颜色：多呈现白色、浅黄色或灰白色。

观察溶解性：观察磷酸二氢钾的溶解情况，磷酸二氢钾完全溶解于水，没有沉淀，并且溶解的速度很快。

检查溶液的 pH 值：利用 pH 试纸检查磷酸二氢钾水溶液的 pH 值，能够发现 pH 试纸变红，说明溶液呈现酸性。

观察灼烧时的火焰颜色：能够发现钾离子的特有紫色火焰。

观察铁片上燃烧现象：磷酸二氢钾的吸湿性很小，化学性质稳定，不容易分解，在铁片上燃烧没有反应。

C. 磷酸二氢钾的施用：

作根外追肥：由于磷酸二氢钾价格比较昂贵，目前，多用于作物根外追肥，特别是用于果树、蔬菜，通常都会取得良好的增产效果。应根据不同作物和不同生长时期确定喷施浓度，一般叶面喷施浓度 0.1%～0.2%，喷施 2～3 次，间隔 7 天左右。对于大田作物，一般小麦在拔节期至孕穗期，棉花在开花期前后喷施。

作种肥：磷酸二氢钾也可用作种肥，在播种前将种子在浓度为 0.2% 的磷酸二氢钾水溶液中浸泡 12～18 小时，捞出晾干即可播种。

D. 施用注意事项：磷酸二氢钾用于追肥，通常是采用叶面喷施的办法进行，叶面喷施是一种辅助性的施肥措施，它必须在作物前期施足基肥、中期用好追肥的基础上，在生长关键时期及时喷施。

E. 储存：磷酸二氢钾应储存于通风的库房中，防止日晒雨淋和受潮，搬运时轻装轻放，防止包装袋破损，与有毒物品分开存放。

硝酸钾

A. 硝酸钾的性质：硝酸钾含氮（N）13%，含钾（K_2O）44%，N：K_2O 为 1：3.4，白色晶体，吸湿性小，不易结块，易溶于水，不含副成分，生理反应和化学反应均为中性，为不含氯的氮、钾二元复合肥料，也是含钾为主的高浓复肥品种之一。

B. 硝酸钾的鉴别：

看形状：硝酸钾为结晶体。

看颜色：硝酸钾呈白色。

观察溶解性：观察硝酸钾的溶解情况，硝酸钾能完全溶解于水。

观察灼烧火焰的颜色：将少许硝酸钾放在酒精灯上燃烧，可发出紫色火焰。

C. 硝酸钾的施用：

作基肥和追肥：硝酸钾适用于各种作物，特别适用于烟草、葡萄、马铃薯、甘薯、茄果类蔬菜等经济作物。适于作基肥和追肥，最适宜作追肥，一般每亩用量 10～15 千克。

浸种：一般可采用浓度为 0.2% 硝酸钾水溶液浸种和拌种。

根外追肥：一般可采用浓度为 0.6%～1.0% 硝酸钾溶液进行根外追肥。

D. 施用注意事项：施用时要注意配合氮、磷化肥，以提高肥效，由于硝态氮易于淋失，更适于在旱地施用。

E. 储存：硝酸钾应储存在阴凉、干燥处，在运输过程中应防潮、防晒、防包装破损。硝酸钾属于易燃易爆品，不得与有机物、还原剂及易燃品等物质混运混储。

硝酸磷肥

A. 硝酸磷肥的性质：硝酸磷肥含氮（N）26%、含磷 11% 左右，为浅灰白色颗粒，中性，吸湿性强，易结块。硝酸磷肥是用硝酸分解磷矿粉，再用氨来中和多余的酸加工制成的氮、磷两元肥料。硝酸磷肥的主要有效成分是硝酸铵、磷酸铵和磷酸二钙，既含有硝态氮又含有铵态氮，兼含有水溶性磷和枸溶性磷。

B. 硝酸磷肥的鉴别：

看形状：硝酸磷肥为颗粒状。

看颜色：硝酸磷肥呈灰色、灰白色或乳白色。

观察溶解性：观察硝酸磷肥的溶解性，发现肥料部分溶解于水，部分沉淀于杯底。

测量 pH 值：利用广泛试纸测量硝酸磷肥溶液的 pH 值，试纸变红，说明硝酸磷肥的水溶液呈酸性。

观察铁片上燃烧现象：将少量硝酸磷肥放在已经烧红的铁

片上灼烧，能闻到刺激性氨气味和棕色烟雾。

观察吸湿性：在空气湿度大时（例如雨天），将肥料放置白瓷碗底一晚上或放在手心握一会儿，能够观察到肥料的表面已经溶化。

C. 硝酸磷肥的施用：

作基肥和追肥：硝酸磷肥适用于多种土壤和多种作物，尤其适用于缺氮又缺磷的土壤，适宜用作基肥和追肥，进行条施，但要深施，一般每亩用量 15～30 千克。

作种肥：每亩 5～10 千克，但不能与种子直接接触。

D. 施用注意事项：硝酸磷肥含硝态氮，容易随水流失，水田作物上应尽量避免施用该肥料。

E. 储存：硝酸磷肥的运输和储存过程中，应防雨、防潮、防晒、防包装袋破损。硝酸磷肥含有硝酸根，容易助燃和爆炸，在储存、运输和施用时应远离火源，如果肥料出现结块现象，应用木棍将其粉碎，不能使用铁锹拍打，以防爆炸伤人。

②复混肥料：

复混肥料的特点 复混肥料是以单质肥料（如尿素、磷酸铵、氯化钾、硫酸钾、普钙、硫酸铵、氯化铵等）为原料，辅之以添加物，按照一定的配方配制、混合、加工造粒而制成的肥料。复混肥料是当前肥料行业发展最快的肥料品种，实行强制性的生产许可证管理制度。

A. 养分全面、含量高：含有两种或两种以上的营养元素，能比较均衡地、长时间地同时供给作物所需要的多种养分，并充分发挥营养元素之间的相互促进作用，提高施肥的效果。复混肥料的化学成分虽不及复合肥料均一，但同一种复合肥的养分比是固定不变的，而复混肥料可以根据不同类型土壤的养分状况和作物的需肥特征，配制成系列专用肥，产品的养分比例多样化，针对性强，可以根据需要选择和施用，从而避免某些养分的浪费，提高肥料的增产效果，肥料利用率和经济效益都比较高。

B. 物理性能好、便于施用：复混肥料颗粒一般比较坚实，粒度大小均匀，吸湿性小，便于储存和施用，既适合于机械化施肥，同时也便于人工撒施，减轻施肥劳力。

C. 养分齐全，可促进土壤养分平衡：农民习惯上多施用单质肥，特别是偏施氮肥，很少施用钾肥，极易导致土壤养分不平衡，而复混肥料养分全面，可以平衡施肥。

D. 有利于施肥技术的普及：测土配方施肥是一项技术性强、要求高而又面广量大的工作。尽管技术人员通过测土可向农民提供配方，但由农民自己购买单质肥料进行混配费工费力，又受肥料供应条件的限制，难以大面积推广。将配方施肥技术通过专用复混肥这一物化载体，可以真正做到技物结合，从而可以大大加速配方施肥技术的推广应用。

E. 复混肥料存在的缺点：一是所含养分同时施用，有的养分含量可能与作物最大需肥时期养分需求不相吻合，易流失，难以满足作物某一时期对养分的特殊要求。二是养分比例固定的复混肥料，难以同时满足各类土壤和各种作物的要求。

复混肥料的分类

A. 根据营养元素种类划分：根据复混肥料含有养分元素的种类可分为二元复混肥料和三元复混肥料。

二元复混肥料：含有氮、磷、钾 3 种元素中的两种元素，根据农作物需肥规律合理匹配，复混后加工制成的肥料。如氮、磷复混肥，氮、钾复混肥，磷、钾复混肥。

三元复混肥料：含有氮、磷、钾 3 种元素，根据农作物需肥规律合理匹配，复混后加工制成的肥料。通常以专用型的三元复混肥施用效果最好。

B. 根据氮、磷、钾养分总含量划分：复混肥中的氮、磷、钾比例一般氮以纯氮（N）、磷以五氧化二磷（P_2O_5）、钾以氧化钾（K_2O）为标准计算，例如，氮：磷：钾为 15：15：15，表明在复混肥中纯氮含量占总物料量的 15%，五氧化二磷占 15%，氧化钾占 15%，氮、磷、钾总含量占总物料的 45%。根据总养分含量可分为 3 种不同浓度的复混肥料。

高浓度复混肥料：氮、磷、钾养分总含量大于等于 40%。一般生产过程中总含量为 45% 的占多数。高浓度复混肥的特点是养分含量高，适宜机械化施肥，但由于高浓度复混肥养分含量高，用量少，采用人工撒施不容易达到施肥均匀的目的。高浓度复混肥中氮、磷、钾占的比例大，一些中、微量元素含量低，长期施用会造成土壤中、微量元素含量的不足。

中浓度复混肥料：氮、磷、钾养分总含量为 30%～40%。中浓度复混肥是对高浓度和低浓度复混肥的调节，它的施用量介于两者之间，一般的播种机稍加改造就可以将所需肥料数量施足施匀，还含有相当数量的钙、镁、硫等中量元素，一般在果树和蔬菜上施用中浓度复混肥比较普遍。

低浓度复混肥料：氮、磷、钾养分总含量为 25%～30%。低浓度复混肥养分含量低，施用量大，采用一次性播种施肥复式作业时不容易将肥料全部施入土壤中，人工撒施劳动量也比施高浓度复混肥要多，它的优点是由于用量大，施起来容易施均匀。低浓度复混肥生产原料选择面比较宽，可选用硫酸铵、普钙等用以增加复混肥中量元素钙、镁、硫的含量。一般低浓度复混肥适宜在蔬菜和瓜类作物上应用。

C. 根据复混肥料的成分和添加物划分：根据复混肥料的成分和添加物可划分成无机复混肥料、有机—无机复混肥料等。

无机复混肥料：原料完全是化学肥料，用尿素、硫铵、重钙、磷酸铵、氯化钾等按照一定比例，经混合造粒，生成二元复混肥、三元复混肥和各种专用复混肥。

有机—无机复混肥料：以无机原料为基础，增加有机物为填充物所形成的复混肥。有机—无机复混肥料的生产一般是以无机肥料为主要原料，填充物采用烘干鸡粪等有机物增加肥料中的有机物质。有机—无机复混肥的基本特点是：速效养分含量能够满足作物当季生长的要求，同时又给土壤补充了部分有机肥料，可以起到培肥地力的作用。

D. 根据适用作物划分：根据测土配方施肥技术原理，针对不同作物的需肥规律和土壤养分测试结果而生产的不同含量和比例的氮、磷、钾，专门适用于某种作物或某类作物的复混肥料为专用复混肥料。在蔬菜施肥方面，根据适用作物不同可划分为果菜类专用肥、叶菜类专用肥、根菜类专用肥等，并且还可分为专用基肥、专用追肥，不同专用肥适用于不同作物。专用复混肥具有以下作用特点。

专用化、针对性强：专用复混肥一般都是根据不同作物的需肥规律和不同土壤类型科学研究配制而成的化学肥料，真正实现了专肥专用，效果自然显著。

多元素、配比合理：专用复混肥一般都含有氮、磷、钾等多种营养元素，还可根据作物需要合理搭配一些中、微量元素，养分齐全，养分含量高，能够满足作物对养分的需求，达到营养元素对作物的平衡供应，避免盲目施肥和肥料浪费。

利用率高、肥效持久：一般情况下，专用复混肥不会出现养分过多或太少而失去养分平衡的问题，因此，利用率相当高，肥效也比较持久。

使用方法简便、易于操作：为方便农民购买、运输和使用，一般按照每亩用量进行生产包装，使用方便，易于上手，肥料成本及施肥成本相对减少。

低投入、高产出：根据各地肥料试验及生产情况，一般施用专用复混肥比常规施肥能够显著增加农作物产量，提高经济效益。

保护生态环境、促进农业可持续发展：由于专用复混肥比一般肥料利用率高，因此，可以降低肥料投入，减少施肥所造成的对环境的污染，有利于保护生态环境，促进农业可持续发展。

复混肥料的鉴别

A. 看包装标识：看包装标识是否标明产品名称、生产许可证号、肥料登记证号、执行标准号、养分总含量及养分配合式、使用方法、净重、生产企业名称、生产地址、联系方式，包装袋内是否有产品合格证等，标识不全就有可能是伪劣产品。要注意的是复混肥料的总养分含量是氮、磷、钾含量之和，其他元素的含量不能计入总养分含量。

B. 看形态外观：复混肥料的形状多为颗粒状，也有的为条状或片状，颜色多为灰色、灰白色、杂色、彩色等。用手抓半把复混肥搓揉，手上留有一层灰白色粉末并有黏着感的为质量优良，若碾碎其颗粒，可见细小白色晶体的表明为质量优良。劣质复混肥多为灰黑色粉末，无黏着感，颗粒内无白色晶体。

C. 闻气味：复混肥料一般无异味，如有异味是伪劣复混肥。

D. 看溶解性：优质复混肥水溶性好，在水中大部分能溶解，即使有少量沉淀物，也较细小。而劣质复混肥难溶于水，沉淀粗糙坚硬。

E. 看燃烧情况：取少量复混肥置于铁皮上，放在火上烧灼，有氨味说明含有氮，出现黄色火焰说明含有钾，且氨味越浓，黄色火焰越黄，表明氮、钾含量越高，即为优质复混肥，反之则为劣质复混肥。

复混肥料的施用

A. 施用方式：复混肥料一般作基肥和追肥，不能作种肥和叶面追肥，以防止烧苗现象发生。

复混肥料适宜作基肥，作基肥宜深施，有利于中后期作物根系对养分的吸收。复混肥料含有氮、磷、钾 3 种营养元素，作基肥可以满足作物中后期对磷、钾养分的最大需要，可以克服中后期追施磷、钾肥的困难。

三元复混肥料不提倡用作追肥，作追肥会导致磷、钾资源的浪费，因为磷、钾肥施在土壤表面很难发挥作用，当季利用率不高。如果基肥中没有施用复混肥料，在出苗后也可适当追施，但最好开沟施用，并且施后要覆土。

高浓度复混肥料不能作种肥，因为高浓度肥料与种子混在一起容易烧苗，如果一定要作种肥，必须做到肥料与种子分开，以免烧苗。

复混肥料可作冲施肥，对于多次采收的蔬菜，每次采收后冲施复混肥料可以补充适当的养分，应选用氮、钾含量高、全水溶性的复混肥，一般大棚的土壤速效磷含量极高，一般没有必要用三元复混肥料作冲施肥。

B. 肥料品种：不同复混肥料养分含量和配比不同，不同作物需肥规律也不相同，要根据作物种类选择适当的复混肥料，最好选用专用肥。

C. 施肥量：由于复混肥料含有相当数量的磷、钾及副成分，施肥量较单一氮肥大，一般蔬菜作物每亩施用 100 千克左右，大田作物每亩施用 50 千克左右。

D. 施肥时期：为使复混肥料中的磷、钾（尤其是磷）充分发挥作用，作基肥施用要尽早。一年生作物可结合耕耙施用，多年生作物（如果树）则较多集中在冬春施用。若将复混肥料作追肥，也要早期施用，或与单一氮肥一起施用。

E. 施肥深度：施肥深度对肥效的影响很大，应将肥料施于作物根系分布的土层，使耕作层下部土壤的养分得到较多补充。随着作物的生长，根系将不断向下部土壤伸展，早期作物以吸收上部耕层养分为主，中晚期从下层吸收较多，因此，对集中作基肥施用的复混肥分层施用，较一层施用可提高肥效。

F. 施用注意事项：

包装上注明“含氯”或“含 Cl”字样的复混肥料，“忌氯”作物和盐碱地应尽量少用。未注明“含氯”或“含 Cl”字样的复混肥料，产品中不含氯化铵和氯化钾，其售价较高，适合施用于经济效益较高或忌氯的作物上，盐碱地应用效果较好。

包装上注明“枸溶性磷”，说明产品中水溶性磷的含量很低，适合施用在酸性土壤上。没有标明“枸溶性磷”，说明产品中水溶性磷的含量较高，适合施用于大多数土壤和作物上。

包装上注明“含硝态氮”，不适合施用在水田土壤上。没有标明“含硝态氮”，适合施用于水田和旱地作物上。

G. 储存：复混肥料应储存于阴凉干燥处，储存和运输过程中应防潮、防晒、防包装破损。

③掺混肥料：掺混肥料是氮、磷、钾 3 种养分中，至少有两种养分标明量的由干混方法制成的颗粒状肥料，也称 BB 肥。执行标准《掺混肥料（BB 肥）》（GB/T 21633—2020）。

掺混肥料具有以下特点，一是掺混肥料是根据作物养分需求规律、土壤养分供应特点和平衡施肥原理，经过机械均匀掺混而成的复混肥料，是平衡施肥的理想载体。可根据作物养分需求和不同土壤的养分供应特点等，设计可灵活调整的配方，符合化肥专用化的发展趋势。二是掺混肥料养分浓度可高达 50% 以上，符合化肥高浓度化的发展趋势，掺混肥料可添加中、微量元素、农药、除草剂等，符合化肥多功能化的发展趋势。三是掺混肥料因含测土配方施肥技术，易于开展农化服务，可满足农化服务水平提升的要求。四是掺混肥料具有省时省工、真假易辨等优点，农民从肥料中能明显地看到氮、磷、钾的肥料颗粒，不易因造假而受到损失。五是掺混肥料生产成本和使用成本低，生产过程中无化学反应，可满足化肥发展节能环保的需求。

掺混肥料的主要缺点是易吸潮、结块，掺混肥料中的氮素都是以颗粒尿素为主，含尿素的掺混肥料因其吸水性而容易结块，易于发生分离。掺混肥料原料比重不一，颗粒大小不一，易于离析分层，尤其是运输搬运过程中分层，导致使用各元素的不均衡，从而影响施肥效果与作物的产品质量。

（7）水溶性肥料。水溶肥料是经水溶解或稀释，用于灌溉施肥、叶面施肥、无土栽培、浸种、蘸根等用途的液体或固体肥料。水溶肥料是一种速效性化肥，它的基本特征是水溶性好，可以完全溶解于水中，能被作物的根系和叶面直接吸收利用。水溶肥料属于新型肥料，这类肥料的“新”不完全在于它的“水溶性好”和“全速效性”方面，而在于它的运用功能开发，包括应用途径、施用方法和纯度、剂型等方面。科学地开发和推广水溶肥料是满足现代农业种植生产标准化的需要，是保证农产品高产优质高效的需要，是精确化管理养分资源和水资源的需要。随着粮食和农产品产量与品质的需求不断提高，水溶肥料作为新型环保肥料由于使用方便，可和喷灌、滴灌结合使用，并可喷施、冲施，在提高肥料利用率、节约农业用水、减少生态环境污染、改善作物品质以及减少劳动力等方面起着重要的作用。

①水溶肥料的特点：

施肥效率高 采用水、肥同施，以水带肥，实现了水肥一体化，施肥效率高，可以减少施肥总量，水肥协同效应使水和肥的利用率都明显提高。

针对性强 水溶肥料可根据土壤养分丰缺状况、土壤供肥水平以及作物对营养元素的需求来确定肥料的种类，及时补充作物缺少的养分，减轻或消除作物的缺素症状。

吸收快 由于水溶肥料直接施用在作物叶面或根部，各种营养物质可直接进入作物体内，直接参与作物的新陈代谢和有机物质的合成，其速度和效果都比土壤施肥的作用来得快，可解决高产作物快速生长期的营养需求。

营养全面 水溶肥料的成分特点是大量元素与中、微量元素相结合，所以种植业生产中的大量、中量及微量元素的供应是可以通过水溶肥来实现的。

效果好 形成作物产量的干物质主要来自光合作用的产物，作物进行水溶肥料叶面喷施后，叶片吸收了大量的养分，促进了作物各种生理过程，显著提高光合作用强度，有效促进作物有机物质的积累，提高坐果率和结实率，增加产量，改善品质。

用量省 水溶肥料大量用于叶面喷施，由于喷施在叶面上，不直接与土壤接触，避免了养分在土壤中的固定、失效或淋溶损失。采用叶面喷施，通常用量极少，浓度很低，养分吸收后，直接被输送到作物生长最旺盛的部位，养分利用率高。水溶肥料存在许多优点，但也存在缺点。水溶肥料价格普遍较高，不利于普及。水溶肥料速效性强，难以在土壤中长期保存，施肥量需要严格控制，施用稍多，容易发生烧苗，造成肥料流失，既降低施肥的经济效益，又会造成土壤盐分积累、水环境的污染。

②水溶肥料主要类型：水溶肥料主要有大量元素水溶肥料、中量元素水溶肥料、微量元素水溶肥料、含腐殖酸水溶肥料、含氨基酸水溶肥料、农林保水剂等。

大量元素水溶肥料 大量元素水溶肥料是以大量元素氮、

磷、钾为主要成分的，添加适量中量元素或微量元素的液体或固体水溶肥料。

中量元素水溶肥料 以中量元素钙、镁为主要成分的固体或液体水溶肥料。执行标准《中量元素水溶肥料》（NY 2266—2012）。若中量元素水溶肥料中添加微量元素成分，微量元素含量应不低于 0.1% 或 1 克 / 升，且不高于中量元素含量的 10%。微量元素含量指铜、铁、锰、锌、硼、钼元素含量之和，含量不低于 0.05% 或 0.5 克 / 升的单一微量元素均应计入微量元素含量中。

微量元素水溶肥料 由铜、铁、锰、锌、硼、钼微量元素按所需比例制成的或单一微量元素制成的液体或固体水溶肥料。微量元素水溶肥料中汞、砷、镉、铅、铬限量指标应符合《水溶肥料汞、砷、镉、铅、铬的限量要求》（NY 1110—2010）的要求。

含腐殖酸水溶肥料 以适合植物生长所需比例的矿物源腐殖酸、添加适量氮、磷、钾大量元素或铜、铁、锰、锌、硼、钼微量元素而制成的液体或固体水溶肥料。

含氨基酸水溶肥料 以游离氨基酸为主体的，按适合植物生长所需比例，添加以适量的钙、镁中量元素或铜、铁、锰、锌、硼、钼微量元素而制成的液体或固体水溶肥料。

农林保水剂 用于改善植物根系或种子周围土壤水分性状的土壤调理剂。执行标准《农林保水剂》（NY/T 886—2022）。农林保水剂中汞、砷、镉、铅、铬限量指标应符合标准《水溶肥料汞、砷、镉、铅、铬的限量要求》（NY 1110—2010）的要求。

③水溶肥料的鉴别：

看外包装标识 看外包装标识是否规范标识产品名称、有效成分名称和含量、生产企业和生产地址、肥料登记证号、执行标准号、净重、生产日期、适用作物、使用方法等，首先从外观上进行简易识别。

看溶解情况 把一小袋水溶性肥料和1千克左右水混合，看溶解情况。若全部溶解没有沉淀，说明产品质量较好，有效养分高，养分易于被作物吸收。若不能完全溶解有沉淀，说明该产品水不溶物含量高，在喷施时易堵塞喷雾器喷头，并且还会造成作物对养分的利用率不高。

看剂型和干燥度 目前市场上有固体和液体水溶肥两种类型，一般固体优于液体。固体又分颗粒状和粉状两种，颗粒状优于粉状，因为颗粒状经过特殊工艺加工而成，具有施用方便、干燥程度高以及易于保存等优点。

看是否有沉淀物 不要选择液体肥料中有太多沉淀的产品，这样的肥料产品一般存放时间较长，在喷施时易堵喷嘴，并且养分利用率降低。

④水溶肥料的施用与储存：

合理的肥料品种 应根据土壤状况、作物需肥规律选择肥料类型。一般在基肥不足的情况下，可以选用大量元素水溶肥料或含腐殖酸水溶肥料（大量元素型）。在中量元素不足的情况下，可以选用中量元素水溶肥料、含氨基酸水溶肥料（中量元素型）。在微量元素不足的情况下，可以选用微量元素水溶肥料、含氨基酸水溶肥料（微量元素型）、含腐殖酸水溶肥料（微量元素型）。

合理的施用方法 水溶肥料的施用途径与一般化肥不尽相同，一般都是与灌水相结合，通过不同的灌溉方式将肥料和灌溉水一起施到根周围土壤或作物叶面。根据灌水方式的不同，施肥又可分为喷施、冲施、滴灌、喷灌、无土栽培等。固体水溶肥料需要先溶解并配成混合溶液，液体水溶肥料容易溶入灌溉水中，溶解稀释后的水溶肥料既可叶面喷施，也可喷灌、滴灌、冲施。

叶面喷施是指把水溶肥料先行稀释溶解于水中喷施于作物叶面，通过叶面气孔进入植株内部，可以极大地提高肥料吸收利用效率。水溶肥料多用于叶面喷施，为提高喷施的效果，选择合适的喷施时间和部位非常重要。一般选择在9—11时和15—17时喷施。喷施部位应选择幼嫩叶片和叶片背面，一般7～10天喷1次，连续3次。此外，喷施应避免阴雨、低温或高温暴晒，喷后遇雨要重新喷施。要随配随用，不能久存，长时间存放易产生沉淀，也会降低肥料有效性。

灌溉施肥是通过土壤浇水或者在灌溉的时候，先行将水溶肥料混合在灌溉水中，这样可以让植物根部全面地接触到肥料，通过根的呼吸作用把营养元素运输到植株的各个组织中。

合理的施用浓度 要掌握好施用浓度，浓度过低施用效果不明显，浓度过高会对作物产生危害，并且造成浪费。应根据产品使用说明书、肥料类型、作物种类、作物生长发育情况确定施用浓度。一般情况下喷施浓度可选择稀释500～1 000倍。

合理的施用时期 根据不同作物，选择关键的生长时期施用，可以达到最佳效果。

水溶肥料的储存 水溶肥料产品应储存于阴凉干燥处，运输过程中应防压、防晒、防渗、防包装破损。

（8）微生物肥料。微生物肥料指一类含有活微生物的特定制品，应用于农业生产中，能够获得特定的肥料效应，在这种效应的产生中，制品中活微生物起关键作用。

①微生物肥料的特点：

增加土壤肥力 增加土壤肥力是微生物肥料的主要功效。如各种自生、联合、共生的固氮微生物肥料，可以增加土壤中的氮素来源，多种解磷、解钾微生物的应用，可以将土壤中难溶的磷、钾分解出来为作物吸收利用，从而改善作物生长的土壤环境中营养元素的供应状况，同时增加土壤中有机质含量，提高土壤肥力。

制造和协助农作物吸收营养 微生物肥料中最重要的品种之一是根瘤菌肥，通过生物固氮作用，将空气中氮气转化成氨，进而转化成植物能吸收利用的氮素化合物。VA 菌根是一种土壤真菌，可以与多种植物根共生，其菌丝伸长可以吸收更多的营养（如磷、锌、铜、钙等）供给植物吸收利用。许多用作微生物肥料的微生物还可以产生大量的植物生长激素，能够刺激和调节作物生长，改善营养状况。

增强作物抗病和抗旱能力 有些微生物肥料的菌种接种后，在作物根部大量生长繁殖，成为作物根际的优势菌，抑制或减少病原菌微生物的作用，减轻作物病害，VA 菌根真菌的菌丝还能增加水分吸收，提高作物的抗旱能力。

适量减少化肥用量 施用微生物肥料，能够适量减少化肥用量。另外，与化学肥料相比，微生物肥料生产所消耗的能源较少，生产成本降低，且微生物肥料用量相对减少，有利于生态环境的保护。

②微生物肥料的主要类别：微生物肥料的主要类别有农用微生物菌剂、复合微生物肥料和生物有机肥。

农用微生物菌剂 目标微生物（有效菌）经过工业化生产扩繁后加工制成的活菌制剂。它具有直接或间接改良土壤、恢复地力、维持根际微生物区系平衡、降解有毒有害物质等作用；应用于农业生产，通过其中所含微生物的生命活动，增加植物养分的供应量或促进植物生长、改善农产品品质及农业生态环境。农用微生物菌剂产品按剂型分为液体、粉剂、颗粒型，按内含的微生物种类或功能特性可分为根瘤菌菌剂、固氮菌菌剂、解磷类微生物菌剂、硅酸盐微生物菌剂、光合细菌菌剂、有机物料腐熟剂、促生菌剂、菌根菌剂、生物修复菌剂等。执行标准《农用微生物菌剂》（GB 20287—2006）。

复合微生物肥料 复合微生物肥料是指特定微生物与营养物质复合而成，能提供、保持或改善植物营养，提高农产品产量或改善农产品品质的活体微生物制品。复合微生物肥料产品按剂型分为液体、粉剂和颗粒型。执行标准《复合微生物肥料》（NY/T 798—2015）。

生物有机肥 生物有机肥指特定功能微生物与主要以动植物残体（如畜禽粪便、农作物秸秆等）为来源并经无害化处理、腐熟的有机物料复合而成的一类兼具微生物肥料和有机肥效应的肥料。生物有机肥产品按照剂型分为粉剂和颗粒型两种。

③微生物肥料的鉴别：

外包装标识鉴别 看外包装标识是否规范标识以下内容：肥料名称、有效菌种类及含量、养分含量、执行标准、肥料登记证号、适用作物、生产厂家、生产地址、联系方式、生产日期、有效期、使用方法、净重等。

外观鉴别 微生物肥料一般分为液体、粉剂和颗粒型，粉剂产品应松散，颗粒型产品应无明显机械杂质、大小均匀，具有稀释性。

生物有机肥和一般有机肥的简易区别 生物有机肥和一般有机肥可以根据包装不同、色泽不同、气味不同加以简单区别。生物有机肥外包装比一般有机肥要精致，外包装标注有效活菌数、有效成分等指标。生物有机肥在有益微生物作用下，发酵腐熟充分，外观呈褐色或黑褐色，色泽比较单一，而一般有机肥因生产操作不同，产品颜色各异。生物有机肥没有异味，一般有机肥可能由于发酵不彻底，带有臭味。

④微生物肥料的施用与储存：微生物肥料可用作基肥、追肥，可沟施、穴施，还可拌种、浸种、蘸根。生物有机肥一般作基肥、追肥。农用微生物菌剂、复合微生物肥料除作基肥、追肥外，还可叶面喷施等。一般情况下微生物肥料作基肥、种肥效果优于茎叶喷施。

农用微生物菌剂的施用方法

A. 基肥、追肥和育苗肥：固态菌剂每亩 2 千克左右与 40～60 千克有机肥混合均匀后使用，可作基肥、追肥和育苗肥用。

B. 拌土：在作物育苗时，将固态菌剂掺入营养土中充分混匀制作营养钵，也可在果树等苗木移栽前，混入稀泥浆中蘸根。

C. 拌种：播种前将种子浸入 10～20 倍菌剂稀释液或用稀释液喷湿，使种子与液态生物菌剂充分接触后再播种，或将种子用清水喷湿，拌入固态菌剂充分混匀，使所有种子外覆有一层固态生物肥料时便可播种。

D. 浸种：菌剂加适量水浸泡种子，捞出晾干，种子露白时播种，或将固态菌剂浸泡 1～2 小时后，用浸出液浸种。

E. 蘸根、喷根：

蘸根：菌剂稀释 10～20 倍，幼苗移栽前把根部浸入液体蘸湿后立即取出即可。

喷根：当幼苗很多时，可将菌剂 10～20 倍稀释液喷湿幼苗根部即可。

F. 灌根、冲施：按 1∶100 的比例将菌剂稀释，搅拌均匀后灌根或冲施。

G. 叶面喷施：在作物生长期内可以进行叶面追肥，稀释 500 倍左右或按说明书要求的倍数稀释后，选择阴天无雨的日子或晴天下午以后，均匀喷施在叶子的背面和正面。

复合微生物肥料的施用方法

作基肥：一般每亩施用 10～20 千克，和农家肥一起施入。

作追肥：一般每亩施用 10～20 千克，在作物生长期间追施。

叶面喷施：在作物生长期内进行叶面追肥，稀释 500 倍左右或按说明书要求的倍数稀释后，进行叶面喷施。

生物有机肥的施用方法

作基肥：一般每亩施用 200 千克左右，和农家肥一起施入，经济作物及设施栽培作物根据当地种植习惯可酌情增加用量。

作追肥：与化肥相比，生物有机肥的营养全、肥效长，但生物有机肥的肥效比化肥要慢。因此，使用生物有机肥作追肥时应比化肥提前 7～10 天。

微生物肥料施用注意事项 微生物肥料是生物活性肥料，施用方法比化肥、有机肥严格，有特定的施用要求，使用时要注意施用条件，严格按照产品使用说明书操作，否则难以获得良好的使用效果。施用中应注意以下几点。

A. 微生物肥料对土壤条件要求相对比较严格：微生物肥料施入土壤后，需要一个适应、生长、供养、繁殖的过程，一般 15 天后可以发挥作用、见到效果，而且长期均衡地供给作物营养。

B. 微生物肥料应避免高温干旱条件下施用：施用微生物肥料时要注意温、湿度的变化，在高温干旱条件下，微生物生存和繁殖会受到影响，不能充分发挥其作用。微生物肥料适宜施用时间是清晨和傍晚或无雨阴天，并要结合盖土浇水等措施，避免阳光中的紫外线杀死微生物，避免微生物肥料受阳光直射或因水分不足而难以发挥作用。

C. 微生物肥料的施用：微生物肥料可以单独施用，也可以与其他肥料混合施用，但微生物肥料应避免与未腐熟的农家肥混用，同时也要注意避免与过酸过碱的肥料混合施用。

D. 微生物肥料不能长期泡在水中：微生物肥料在水田里施用应干湿灌溉，促进生物菌活动，由好气性微生物为主的产品，则尽量不要用在水田。严重干旱的土壤会影响微生物的生长繁殖，微生物肥料适宜的土壤含水量为 50%～70%。

E. 微生物肥料应避免与农药同时施用：化学农药都会不同程度地抑制微生物的生长和繁殖，甚至杀死微生物，不能用拌过杀虫剂、杀菌剂的容器装微生物肥料。

F. 微生物肥料不宜久放：微生物肥料拆包后要及时施用，

包装袋打开后，其他菌就可能侵入，使微生物菌群发生改变，影响其使用效果。

微生物肥料的储存 微生物肥料应储存在阴凉、干燥、通风的库房内，不得露天堆放，以防日晒雨淋，避免不良条件的影响。运输过程中应有遮盖物，防止雨淋、日晒及高温。气温低于0℃时采取适当措施，以保证产品质量。轻装轻卸，避免包装破损。严禁与对微生物肥料有毒、有害的其他物品混装、混运。

（9）有机肥料。有机肥料指以畜禽粪便、动植物残体和以动植物产品为原料加工的下脚料为原料，并经发酵腐熟后制成的有机肥料。执行标准《有机肥料》（NY/T 525—2021）。有机肥料中的蛔虫卵死亡率和粪大肠杆菌值指标应符合《生物有机肥》（NY 884—2012）的要求。不适用于绿肥、农家肥和其他由农民自积自造的有机粪肥。

①有机肥作用：有机肥料是富含有机物质，既能够提供作物生长所需养分，又能培肥改良土壤的一类肥料，有机肥料的作用主要有以下几个方面。

提供作物所需养分 有机肥料富含作物生长所需养分，能源源不断供给作物生长。提供养分是有机肥料的最基本特征，也是其最主要的作用。同化肥比较，有机肥料显著特点如下。

A. 有机肥料养分全面：有机肥料养分非常全面，不仅含有作物所需要的16种营养元素，还含有其他有益于作物生长的元素，可全面促进作物生长。

B. 有机肥料养分释放长久：有机肥料养分释放均匀长久，有机肥料所含的养分多以有机态形式存在，通过微生物分解转变为作物可利用的形态，可缓慢释放，长久供应作物养分，比较而言化肥所含养分多为速效养分，施入土壤后肥效快但有效供应时间短。

C. 有机肥料养分含量低：有机肥料养分含量比较低，使用时应配合化肥，以满足作物旺盛生长期对养分的大量需求。

改良土壤结构，增强土壤肥力

A. 提高土壤有机质含量：施用有机肥料能够提高土壤有机质含量，更新土壤腐殖质组成，培肥土壤。土壤有机质是土壤肥力的重要指标，是形成良好土壤环境的物质基础，土壤有机质是由土壤中未分解、半分解的有机物质残体和腐殖质组成。施入土壤的有机肥料，在微生物作用下，分解转化成简单的化合物，同时经过生物化学的作用又重新组合成新的、更为复杂的、比较稳定的土壤特有大分子高聚有机化合物，即腐殖质，腐殖质是土壤中稳定的有机质，对土壤肥力有重要影响。

B. 改善土壤物理性状：施用有机肥料能够改善土壤物理性状，施用有机肥能够降低土壤的容重，改善土壤通气状况，使耕性变好，有机质保水能力强，比热容较大，导热性小，较易吸热，调温性好。

C. 增加土壤保水保肥能力：施用有机肥料可以增加土壤保水保肥能力，为植物生长创造良好的土壤环境。

提高土壤的生物活性，刺激作物生长 有机肥料是微生物取得能量和养分的主要来源，施用有机肥料，有利于土壤微生物活动，促进作物生长发育。微生物的代谢产物不仅含有氮、磷、钾等无机养分，还含有多种氨基酸、维生素、激素等物质，可为植物生长发育带来巨大的影响。

提高解毒效果，净化土壤环境 有机肥料有解毒作用，施用有机肥料后，土壤中有毒物质对作物的毒害可大大减轻。主要原因在于有机肥料能够提高土壤阳离子的代换量，增加对重金属镉的吸附，同时有机质分解的中间产物与重金属镉发生螯合作用形成稳定性络合物而解毒，有毒的可溶性络合物可随水下渗或排出农田，提高了土壤的自净能力。有机肥料一般还能减少铅的供应，增加砷的固定。

②有机肥料的鉴别：

看包装标识 看包装标识是否规范标识了肥料产品名称，氮、磷、钾总养分含量，有机质含量，执行标准号，肥料登记证号，生产厂家，生产地址，联系电话，使用方法，生产日期，净重等。可首先通过外包装标注的以上几项是否齐全来辨别该肥料产品是否为规范、合格的肥料产品。

看外观 有机肥料一般为褐色或灰褐色，粒状或粉状，无木棍、砖石瓦块等机械杂质，质量较好的有机肥颗粒均匀，粉末疏松。

闻味道 有机肥料开袋后有明显恶臭且带酸味的，说明发酵不充分，产品不合格。合格的产品应发酵充分、无臭味和酸味。

看水分 用手抓一把肥料握紧后松开，肥料应该不结块，有明显膨胀弹性，如果松开后肥料成团，说明水分含量明显超标。还要观察是否发霉，有机肥料的水分含量一般比其他肥料要高，但一些劣质的有机肥料由于水分太高导致产品发霉，因此，在选购有机肥产品时一定不要选购已发霉的产品。

注意事项 有机肥料是一种比较易于加工、制作的肥料，因此，有一部分规模较小的企业进行手工作坊式生产，这样的有机肥料产品质量难以得到保证。应尽量选择规模比较大、信誉比较好的生产厂家的产品。

③有机肥料的施用与储存：

施用方法 有机肥料可以作基肥也可以作追肥。由于有机肥肥效长，养分释放缓慢，一般应作基肥施用，结合深耕施入土层中，有利于改良和培肥土壤。

施用量 有机肥料施用要适量，应根据土壤肥力、作物类型和目标产量确定合理的用量，一般用量每亩500千克左右。有机肥养分含量低，在含有多种营养元素的同时还含有多种重金属元素，过量施用也会产生危害，主要表现为烧苗、土壤养分不平衡、重金属等有害物质积累污染土壤和地下水等，也会影响农产品品质。

有机无机合理搭配 有机肥料与化肥之间应合理搭配，才能充分发挥肥料的缓效与速效结合的优点。有机肥料中虽然养分含量齐全，但含量低，而且肥效慢，与速效性的化肥配合施用，可以互为补充，使作物整个生育期有足够的养分供应，而不会产生前期营养供应不足或后期脱肥现象。

有机肥料的储存 有机肥料应储存于场地平整、阴凉、通风、干燥的仓库内，防止霉变受潮。在运输过程中应防潮、防晒、防包装破损。

（10）有机—无机复混肥料。指以人及畜禽粪便、动植物残体、农产品加工下脚料等有机物料经过发酵，进行无害化处理后，添加无机肥料制成的有机—无机复混肥料。执行标准《有机无机复混肥料》（GB/T 18877—2020）。

①有机—无机复混肥料的特点：

养分供应平衡，肥料利用率高 有机—无机复混肥料既含有化肥成分又含有有机质，具有比无机肥和有机肥更全面的功能，既能实现一般无机肥的氮、磷、钾养分平衡，又能实现有机、无机平衡。

改土培肥 一般无机复混肥料用地而难以养地，而有机肥养地作用大但当季供肥不足，有机—无机复混肥料则兼有用地养地功能。

活化土壤养分 通过有机—无机复混肥料的化学和生物化学作用，可活化土壤中氮、磷、钾及中、微量养分等。

具有生理调节作用 由于有机—无机复混肥料中有机成分含有相当数量的生理活性物质，因此，除具有一般的营养作用外，还具有独特的生理调节作用。

②有机—无机复混肥料的鉴别：

看包装标识 看外包装标识是否规范标识了肥料产品名称，氮、磷、钾总养分含量，有机质含量，执行标准，生产许可证号，肥料登记证号，生产厂家，生产地址，联系方式，使用方法，生产日期，净重等。一般可通过外包装的以上各项是否齐全来鉴别肥料是否为正规产品。

看产品外观 有机—无机复混肥料一般为均匀的颗粒状或条状，无机械杂质，颗粒的色泽一般较深，没有明显的氨味或其他异味。如果有恶臭，则产品在生产工艺及除臭水平上没有达到有关质量标准的要求。有机—无机复混肥料比重比复混肥料小、松散，与等量复混肥料相比所占的体积要大。

看价格因素 有机—无机复混肥料质量和价格是成正比例关系的，氮、磷、钾总养分含量和有机质含量均高的产品一般价格也较高，所以在选择购买此类肥料时不能仅考虑价格便宜。

③有机—无机复混肥料的施用与储存：

施用方法 有机—无机复混肥料一般可作基肥，也可作追肥和种肥。但作种肥，特别是在条施、点施和穴施时要避免与种子的直接接触，避免有机物的降解作用以及化肥对种子发芽产生不良影响。

施用量 在施用有机—无机复混肥料时必须同时考虑土壤、作物、产量等因素。虽然有机—无机复混肥料含有一定数量有机质和氮、磷、钾养分，具有一定的改土培肥作用和养分释放作用，但其作用有限，因此，要注意有机肥的投入和化肥补充。要根据肥料中的有效成分含量和比例，根据土壤养分、作物种类和作物生长发育情况及目标产量，确定合理用量。

施用注意事项 有机—无机复混肥不同于纯有机肥料，它在制造的过程中添加了一些化肥，化肥中的氯离子对有些作物是有害的，在选择肥料时要注意其外包装上是否标注含氯，以免含氯肥料造成作物的减产或绝收。

有机—无机复混肥料的储存 有机—无机复混肥料应储存于阴凉干燥处，运输过程中应防潮、防晒、防包装破损。

（11）农家肥及绿肥。

①人粪尿：

人粪尿的性质与成分 人粪尿在有机肥料中具有养分含量高、氮多磷钾少、易腐熟、肥效快等特点。含氮1%、磷0.5%、钾0.37%、有机物质20%左右，其中，主要有纤维素、半纤维素、蛋白质及分解产物等；含灰分5%左右，其中，主要是硅酸盐、磷酸盐、氯化物及钙、镁、钾、钠等盐类；含水分70%～80%。

人粪尿的施用 人粪尿适用于多种土壤与作物，特别是对叶菜类作物和纤维类作物增产效果尤为显著。人粪尿可作基肥和追肥，一般用作追肥，作基肥用量一般为每亩 500～1 000 千克，因养分含量较低，施用时应注意配合其他肥料。作追肥时，因含有无机盐较多，施用前必须加水稀释，尤其在幼苗期施用应增加稀释倍数。人粪尿中含有病原菌和寄生虫卵，施用前必须进行无害化处理，必须经过充分腐熟后才可施用，以免污染环境和产品。人粪尿中含有较多的氯离子，不适于盐碱地施用，也不适于在马铃薯、甘薯、甜菜、烟草、瓜果等忌氯作物上施用，以免降低产品品质。人粪尿不能与碱性肥料混施。人粪尿每次用量不宜过多，旱地应加水稀释，施后覆土，水田应结合耕田，浅水匀泼，以免挥发和流失。

②畜禽粪尿：

畜禽粪尿的性质与成分 畜禽粪尿含有丰富的有机质和营养元素，不同种类的成分和性质存在差异。家畜粪成分复杂，主要有纤维素、半纤维素、木质素、蛋白质、氨基酸、脂肪类、有机酸、酶和无机盐类。有机质含量高，为 15%～30%。其中，氮素大部分呈有机态，须经缓慢分解后才能被作物吸收，属于迟效性肥料，但腐熟后形成的腐殖质多，阳离子交换量大，改土效果好。家畜粪中的磷素，一部分呈有机态，另一部分是无机硝酸盐，两者与其他物质共同存在，可以减少被土壤所固定的养分，肥效较高。家畜粪中的钾素，大部分是水溶性的，肥效也较高。家畜尿成分简单，主要有尿素、尿酸、马尿酸、钾、钠、钙、镁等无机盐类，含有较多的水溶性氮，主要形态为尿素、马尿酸及尿素态氮。家畜尿含钾量比畜粪高，钾的形态为碳酸钾和有机酸钾，呈碱性反应，能溶于水，易被作物吸收利用。家禽粪和各种羊粪的养分含量均比家畜粪尿高，其中，氮素主要为尿素盐，分解快，发热量高，属于热性肥料，但必须经过腐熟后才能使用。

畜禽粪尿的施用 畜禽粪尿的施用方法与人粪尿相似，必须经过腐熟后才可施用。畜禽粪宜作基肥，撒施和集中施用均可，用量一般为每亩1 000～1 500千克，畜尿宜作追肥。应根据土壤质地和作物类型选择施用，对于黏重土壤和生育期较短的作物，应选择腐熟度高的粪肥；对于沙质土壤和生育期较长的作物，可以施用腐熟度稍低的粪肥。猪粪和猪圈肥为中性肥料，适于各种土壤和作物。牛粪和牛厩肥属冷性肥料，有利于改良有机质低的轻质土壤。马粪和马厩肥属热性肥料，可用来改良质地黏重的土壤。羊粪和羊厩肥属于热性肥料，是优质有机肥，适用于各种土壤和作物。

③厩肥：

厩肥的成分与性质 厩肥是家畜粪尿和各种垫圈材料、饲料残渣混合堆积并经微生物作用而成的肥料，富含有机质和各种营养元素，其成分因家畜种类、饲料种类、垫料的种类和数量而不同。各种畜粪中，以羊粪的氮、磷、钾含量最高，猪、马粪次之，牛粪最低。一般来说，新鲜厩肥平均含有有机质25%、氮（N）0.5%、磷（P_2O_5）0.25%、钾（K_2O）0.6%左右，此外，还含有钙、镁、硫等养分。新鲜厩肥中的养分呈有机态，含有较多的纤维素、半纤维素，碳氮比高，直接施用会与作物争氮，应经堆制腐熟后才可施用。厩肥施入土壤后氮素利用率为10%～20%，磷素利用率为30%～40%，钾素利用率为60%～

70%，其肥效比化肥长。

厩肥的施用　厩肥必须经过腐熟后才可施用，腐熟的厩肥可以作基肥，也可以作追肥或种肥，厩肥作基肥一般每亩用4 000～5 000千克，撒施或集中施用均可，并应与化肥配合一起施用。另外，应根据土壤和作物选择厩肥的腐熟度，质地黏重的土壤种植蔬菜作物应选用腐熟度高的厩肥，质地疏松的沙质土壤可选用腐熟度稍低的厩肥；生育期较长的作物可施用腐熟度稍低的厩肥，生育期短的作物可选用腐熟度较高的厩肥。

④堆肥：

堆肥的成分与性质　堆肥是利用各种植物残体（作物秸秆、杂草、树叶、泥炭以及其他废弃物等）为主要原料，混合人畜粪尿经堆制腐解而成的有机肥料。堆肥的基本性质与厩肥相似，堆肥所含营养物质比较丰富，有机质含量高，并且肥效长而稳定，同时有利于促进土壤团粒结构的形成，能增强土壤保水、保温、透气、保肥的能力，而且与化肥混合使用可以弥补化肥所含养分单一及长期单一使用化肥使土壤板结、保水保肥性能减退的缺陷，长期施用堆肥可以起到改良土壤的作用。

堆肥的施用　堆肥是一种含有有机质和各种营养物质的完全肥料，长期施用能够起到培肥改土的作用。堆肥必须经过腐熟后才可施用，适用于各种土壤和作物。一般用作基肥，可以结合翻地时使用，与土壤充分混匀，做到土肥融合。堆肥的用量一般为每亩1 500～2 500千克。在不同土壤上施用堆肥的方法不同，生育期长的作物、沙性土壤以及温暖多雨的季节和地区可施用腐熟度稍低的堆肥，生育期短、黏性重的土壤、雨少的季节和地区，应施用充分腐熟的堆肥，施用堆肥还应配合施用化肥。

⑤沤肥：

沤肥的成分和性质 沤肥是以作物秸秆、绿肥、青草为主要原料，掺入河泥、人畜粪尿在嫌气条件下沤制、腐熟而成的肥料。沤肥的材料与堆肥差异不大，与堆肥不同的是沤肥在淹水条件下，由微生物进行厌气分解，所以堆制场地、技术条件、分解和腐熟过程有所不同。沤肥的养分含量因材料种类和配比不同，变幅很大，用绿肥混制的比草皮沤制的养分含量高。

沤肥的施用 沤肥一般用作基肥，大多用于水田作基肥，用量为每亩2 500～4 000千克，也可同速效肥料混合，作追肥施用。

⑥饼肥：

饼肥的成分和性质 饼肥是油料作物的种子经榨油后剩下的残渣。主要有大豆饼、菜籽饼、花生饼、棉籽饼、麻籽饼、桐籽饼、茶籽饼等。饼肥富含氮、磷、钾，含氮较多，含磷、钾较少。不同饼肥的养分含量不尽相同，饼肥中的氮、磷多呈有机态，氮以蛋白质形态为主，磷以植素、卵磷脂为主，钾大都是水溶性的。此外，饼肥含有一定的油脂加脂肪酸化合物，吸水缓慢。所以饼肥是一种迟效性有机肥，必须经过微生物发酵分解后才能更好地发挥肥效。

饼肥的施用 饼肥是一种养分丰富的有机肥料，肥效高并且持久，适用于各种土壤和作物，一般多用在蔬菜、花卉、果树等附加值高的园艺作物上。施用饼肥要注意以下几点。一是饼肥必须经过粉碎和腐熟后才可施用，可作基肥和追肥，可在行间开沟或穴施，施后与土壤混匀，不要靠近种子，以免影响种子发芽，作追肥时一定要经过养分发酵腐熟再施用，否则施入土壤后继续发酵产生高温，易使作物根部烧伤。二是饼肥的施用量应根据土壤肥力高低和作物类型而定，土壤肥力低的和耐肥作物可适当多施，反之应适当减少用量。一般中等肥力的土壤，果菜类蔬菜用量为每亩 100 千克左右。由于饼肥为迟效性肥料，应注意配合施用适量速效性氮、磷、钾肥。三是施用时间应适时，饼肥作基肥可与堆肥、厩肥混合施用，一般用作瓜类、茄果类蔬菜基肥应在定植前 7～10 天施入，作追肥一般可在结果后 5～10 天施入。

⑦沼气肥：

沼气肥的成分和性质 沼气肥是在密封的沼气池中，有机物腐解产生沼气后的副产品，包括沼气液和残渣。沼气肥的养分含量受原料种类、材料比例和水量大小的影响差异很大。沼气肥除了含有丰富的氮、磷、钾元素外，还含有硼、铜、铁、锰、锌、钙等元素，以及大量的有机质、多种氨基酸和维生素等。沼气肥具有来源广、成本低、养分全、肥效长等特点，在农业生产中广泛应用。沼气肥结构分为上、中、底三层。上层水肥是沼气肥中数量最多、含有大量速效氮的高效能液体肥料，其优点是见效快，适合粮食作物和蔬菜作早期追肥，施用前应先储存于密封坑内数日。中层糊状肥的浓度高，肥力强，铵态氮的含量比较丰富，适合粮食作物和蔬菜作中期追肥，其优点是肥料不易挥发，能较长久地释放肥力，充分供给农作物在快速生长阶段所需要的多种养分。底层沼渣肥含有大量腐殖质，适合农作物作底肥，可提高土壤保肥、蓄水能力。

沼气肥的施用 沼气发酵液和残渣可分别施用也可混合施用，可作基肥、追肥。一般残渣作基肥，发酵液作追肥，渣液混合物作基肥也可作追肥。渣液混合物作基肥每亩用量 1 600 千克左右，作追肥每亩用量 1 200 千克左右，发酵液作追肥每亩用量 2 000 千克左右。沼气肥应深施覆土，不要浅施，更不要施于地表，以深施 6～10 厘米效果最好。沼气肥在施用中要注意以下几点。一是出池后不要立即施用。沼气肥的还原性强，出池后若立即施用，会与作物争夺土壤中的氧气，影响种子发芽和根系发育，导致作物叶片发黄、凋萎，因此，沼气肥出池后，一般先在储粪池中存放 5～7 天后施用，若与磷肥按 10∶1 的比例混合堆沤 5～7 天后施用，效果更佳。二是沼液不能直接追施。沼液不兑水直接施在作物上，尤其是用来追施幼苗，会使作物出现灼伤现象，作追肥时，要先兑水，一般兑水量为沼液的一半。三是不要表土撒施。宜采用穴施、沟施，然后盖土。四是不要过量施用。施用沼肥的量不能太多。若盲目大量施用，会导致作物徒长，行间荫蔽，造成减产。五是不能与草木灰、钙镁磷肥、石灰等碱性肥料混施，否则会造成氮肥的损失，降低肥效。

⑧绿肥：

绿肥的成分与性质 栽培或野生的绿色植物体作肥料用的均称作绿肥。绿肥按照来源可分为栽培绿肥和野生绿肥，按照植物学科可分为豆科绿肥、非豆科绿肥，按照生长季节可分为冬季绿肥、夏季绿肥，按照生长期长短可分为一年生或越年生和多年生绿肥，按照生长环境分可分为水生绿肥、旱生绿肥和稻底绿肥。主要的绿肥种类有紫云英、苕子、紫花苜蓿、草木樨等。绿肥的主要作用：一是解决肥源的重要途径；二是培肥土壤、改良土壤、改良生态环境的有效措施。绿肥能够增加耕层土壤养分，能够改良土壤理化性状、改良低产田，能够覆盖地面、防止水土流失、改善生态环境，还能够绿化环境、净化空气、净化污水等。

绿肥的施用

A. 绿肥的施用方式：一是直接翻耕，以作基肥为主，翻耕前最好将绿肥切短，稍加暴晒，随后翻耕入土壤中。二是堆沤，把绿肥作为堆沤肥原料，可增加绿肥分解，提高肥效。三是作饲料，先作饲料，然后利用畜禽粪便作肥料，这种绿肥过腹还田的方式是提高绿肥经济效益的有效途径。

B. 绿肥的收割与翻耕时期：多年生绿肥作物一年可以刈割几次，翻耕适期应掌握在鲜草产量最高和养分含量最高时进行翻耕。一般豆科绿肥适宜翻压时间为盛花期至谢花期，禾本科绿肥最好在抽穗期翻压，十字花科绿肥最好在上花下荚期翻压，间套作绿肥作物的翻压时期应与后茬作物需肥规律相吻合。

C. 绿肥的翻埋深度：一般是先将绿肥茎叶切成 10～20 厘米，撒在地面或施在沟里，随后翻耕入土壤中，一般以耕翻入土 10～20 厘米较好，旱地 15 厘米，水田 10～15 厘米，沙质土壤可深些，黏质土壤可浅些，盖土要严，翻后耙匀，并在后茬作物播种前 15～30 天进行。还应考虑气候、土壤、绿肥品种及其组织老嫩程度等因素，土壤水分较少、质地较轻、气温较低、植株较嫩时，耕翻宜深，反之则宜浅些。

D. 绿肥的施用量：施用量要根据作物产量、作物种类、土壤肥力、绿肥的养分含量等确定。一般每亩 1 000～1 500 千克基本能够满足作物的需要。

E. 绿肥与无机肥料配合施用：绿肥肥效长，但在单一施用的情况下，往往不能及时满足作物全生育期对养分的需求。绿肥所提供的养分虽然比较全面，但也无法满足作物的全部需求。无机氮可提高有机氮的矿化率，有机氮可加强无机氮的生物固定，并且大多数绿肥作物提供的养分以氮为主，磷含量少并且分解较慢，因此绿肥与化肥尤其是磷肥配合施用是必需的。

十一、西瓜、甜瓜栽培管理技术

（一）中果型西瓜早春大棚栽培技术

1. 品种选择

品种选择要适应当地的气候条件和土壤环境，还要根据当地的栽培技术酌情选择，根据现在市场需要一般选择早熟、优质、抗病能力强、耐裂的中果型西瓜品种。

2. 培育壮苗

（1）苗床准备。自配育苗营养土比例，田土：草炭为 3：1，或田土：充分腐熟的农家肥为 5：1。将营养土过筛，每立方米营养土加入 200 克多菌灵，搅拌均匀后，用农膜覆盖堆闷 2～3 天，再放置 1 周后即可装钵。装土量标准为营养钵高度 3/4，上松下实，有利于出苗和定植时营养土坨不易散落。成品育苗基质主要成分有草炭、珍珠岩、蛭石，这种育苗基质用于穴盘育苗。西瓜育苗一般选用 32 孔（孔深 5.5 厘米，边长 6 厘米 × 6 厘米）或 50 孔（孔深 4 厘米，边长 4.5 厘米 ×4.5 厘米）最佳，盘底设有排水孔。育苗盘多用于中大型育苗场，方便倒苗和嫁接，省工省时。

（2）种子消毒与催芽。

温汤浸种：将种子放入55℃的温水中，不断搅拌15分钟，然后自然冷却浸泡4～6小时。

强光晒种：晴朗无风天气，将种子摊开在纸或凉席上，种子厚度在1厘米左右，在阳光下暴晒6～8小时，每隔2小时左右翻动1次。

药剂处理：

①用药剂杀毒：将西瓜种子浸入能杀死病菌的药液中，处理后用清水洗净药液再进行催芽。

②用西瓜种子包衣剂催芽：将种子包在湿布里放入恒温箱中，温度设定30℃，在85%种子胚根长1～2毫米即可播种（有些包衣剂用后不用催芽）。

（3）嫁接育苗。北京地区大多采用贴接法，砧木长到两子叶展平并长出真叶时，接穗两子叶刚好展平时进行嫁接。嫁接苗在嫁接后的前3天，白天温度控制在25～30℃，28℃最佳，进行遮光，不宜通风；嫁接后的3～6天，白天温度控制在22～28℃，夜间18～20℃可进行通风换气；以后按一般苗床的管理方法进行管理。嫁接后12～15天倒苗，定植前5～7天进行炼苗。定植前进行炼苗是西瓜育苗过程中不可缺少的环节。通过炼苗可以增强幼苗的适应性和抗逆性，使瓜苗健壮，移栽后缓苗时间短，恢复生长快。西瓜幼苗经过锻炼，植株中干物质和细胞液浓度增加，茎叶表皮增厚，角质和蜡质增多，叶色浓绿。因此，瓜苗抗寒抗旱能力较强，定植后保苗率高，缓苗速度快。炼苗前，选晴天浇1次足水（炼苗期间不要再浇水）。定植前5～7天开始炼苗，逐渐加大通风量，使床内温度降低到

20℃左右，电热温床应减少通电次数和通电时间。在此期间一般不再盖草帘，塑料薄膜边缘所开的通风口夜间也不关闭。棚温白天在 20～25℃，夜间 12～15℃。随着外界气温的回升，当定植前 2～3 天温度稳定在 18℃以上时，苗床除掉所有覆盖物（电热温床停止通电），使瓜苗得到充分锻炼。如遇不利天气，例如大风、阴雨、寒流、霜冻等，则应立即停止炼苗，并采取相应防风、防雨、防寒、防霜的保护措施。另外，如果炼苗时间已达到要求，但因天气不良或突然遇到某种特殊情况时，可暂时不定植，在瓜苗不受冻害的前提下，继续进行锻炼。

3. 定植及定植前准备

（1）整地施基肥。瓜田应在冬前深翻。开春以后整地施基肥、作畦作垄。采用双行种植，两畦中心距离 2.6～2.8 米，挖瓜沟宽 80 厘米、深 30 厘米，每亩底肥施用腐熟有机肥 5 立方米，尿素 10 千克，过磷酸钙 20 千克。定植前 20 天扣好大棚膜，定植前加盖二层天幕和小拱棚、安装好天窗、铺设好微喷装置。定植前 5～7 天洇地，每亩灌溉 40 立方米。瓜苗长到 3 叶 1 心且 10 厘米土温稳定在 10℃以上时可进行定植。建议定植密度 800 株 / 亩左右，若采用中果型西瓜密植栽培（营养枝吊架，坐瓜蔓地爬），可每亩定植 1 050 株左右。

（2）适时定植。在设施内，地膜下 10 厘米处放置 1 个温度计，当地膜下 10 厘米处温度稳定通过 10℃时可定植。西瓜育苗时，无论采用何种育苗方法，移栽定植时都要求达到一定的苗龄，超过一定苗龄后，成活率及苗期生长都将受到影响。如果采用较小的营养钵或者土块等带土移栽，以 2～3 片真叶展开时移栽定植为宜。注意不要使苗龄过大，若在苗床中抽蔓后进行移栽定植，将会影响苗的发育，延迟坐瓜。定植宜选择在晴朗无风的天气，8—15 时完成。定植时要选择根系发达、白根较多的健壮秧苗定植，淘汰弱苗、病苗。

4. 田间管理

（1）温度控制。定植初期，以保温增温为主，白天维持 30℃，夜间 15℃左右，最低不能低于 10℃，地温维持在 15℃以上。夜间要进行多层覆盖，加盖草帘或保温被、小拱棚等。日出后由外及内揭开保温被、草帘、小拱棚，午后由内向外逐层覆盖。团棵期温度：白天保持 22～25℃，夜间保持温度在 12℃以上。白天温度超过 30℃时应开始通风。通风不仅可以调控温度，还可以降低空气湿度，增加透光率，补充棚内二氧化碳含量，提高叶片同化效能。伸蔓期时，气温上升，要及时通风降温。随着外界温度的升高，通风量逐渐加大。早期放风时要防止底脚风闪苗（可应用二层天幕或者侧面加围挡），随着外界气温的升高和瓜蔓的伸长，不需多层覆盖时，应由内向外逐层撤膜。开花结果期所需温度较高，白天温度保持在 26～30℃，夜间温度保持在 16～20℃。膨瓜阶段保持较大的昼夜温差可促进果实中糖分的积累，提高西瓜品质。

（2）光照条件。西瓜生长需要较强的光照。应注意保持棚膜洁净，避免使用透光很差的旧薄膜。及时整枝打杈。

（3）灌溉管理。西瓜浇水应根据生育期、天气和土质等情况综合考虑。“看天、看地、看苗情”是瓜农在生产中调控浇水的依据。西瓜定植水分为浇水后定植和定植后浇水两种方法，一般来说，浇水后定植能充分保证土壤湿度，栽苗速度较快，定植后可直接覆土。一般在中壤土情况下，滴灌浇水量为每亩

30 立方米。定植后 5～6 天，植株露心 5～6 片真叶时，根据土壤墒情浇提苗水。此时根系已经开始生长，可中量浇水，一般中壤土情况下，此时期使用滴灌浇水量为每亩 10～15 立方米。此期间浇足催蔓水即可，植株到达 12～13 片叶前一般不再浇水，以防止茎蔓徒长。如果土壤过干，可适量轻浇水。值得注意的是，在此期间尽量不浇水，俗话说“旱长根，涝长秧”，这段时间主要是促使秧苗扎根，为以后坐瓜做准备。伸蔓期植株需水量增加，西瓜节间迅速伸长，叶面积增大，根系基本形成，吸收能力增强。如果出现干旱时，浇水量应适当增大，但不宜过大，应采用小水缓浇，浸润根部土壤为宜，浇水最好在上午进行。一般在中壤土情况下，滴灌浇水量一般为每亩 20～30 立方米。在此期间一定要把握灌溉时机，一般看瓜尖有浅绿色生长点时就尽量不浇水，如果灌溉量过大，由于西瓜顶端优势会造成西瓜秧旺长，西瓜不易坐果；等到瓜尖后第 1 或第 2 片叶子呈深绿色，瓜秧基部瓜叶呈“烟灰色”，瓜叶深绿且发白时再灌溉最为合适，这时瓜节短，在 10 厘米左右，过于干旱，瓜花子房干瘪不易坐果，在坐瓜花前灌溉，为第 2 或第 3 雌花花前坐果做好准备。开花坐果期必须控水，否则会造成落花落果。结果期植株需水量进一步增大，要注意保证充足的水分供应。但要注意坐瓜节位雌花开放到谢花后 3～5 天，属于西瓜植株营养生长向生殖生长转化的时期，为了促进坐瓜，这一阶段要严格控制浇水。当 70% 以上的幼瓜长到鸡蛋大小时，要浇膨瓜水，之后以保持土壤湿润为标准，适时浇水，满足膨瓜阶段对水分的需求。膨瓜期水肥一定要充足，这段时间是决定西瓜产量的关键时期，灌溉后要及时放风，注意田间不能有积水，否则在高温条件下易出现水脱瓜。之后每隔 12～15 天根据棚内及瓜苗情况灌溉 15～20 立方米 / 亩，随水施肥 10～15 千克 / 亩，成熟前一周停止浇水施肥。

（4）植株调整。西瓜生产中，对植株进行整枝、打杈、摘心等措施称为植株调整，通过植株调整可以调整或控制西瓜蔓叶的营养生长，促进花果的生殖生长，改善田间或空间群体结构和通风透光条件，提高西瓜的品质和产量。整枝的作用主要是使植株在田间按照一定方向伸展，使蔓叶尽量均匀地占用地面，以便形成一个合理的群体结构。打杈和摘心能够调整植株体内的营养分配，控制蔓叶生长，促进西瓜生长。通过植株调整，营养分配更均衡，及时打杈，就可以减少后期蔓叶，使前期结瓜有充分的营养吸收，缩短生长时间，达到早熟的目的。整枝方式因品种、种植密度和土壤肥力等条件而异，分为单蔓式、双蔓式、三蔓式和多蔓式，各种整枝方式都有其优点和缺点。中果型西瓜地爬栽培模式，一般采用双蔓式和三蔓式。双蔓式整枝：保留主蔓和主蔓基部一条健壮的侧蔓，其余侧蔓及早摘除。三蔓式整枝：除保留主蔓外，还要在主蔓基部选留两条生长健壮、生长势基本相同的侧蔓，其他侧蔓予以摘除。但一些生长势较弱的品种在西瓜坐住后再长出的侧蔓也可不去掉，以利于长成大瓜。三蔓整枝叶蔓茂盛，营养面积大，坐果、选瓜的机会多，果实可充分生长发育。

（5）压蔓。西瓜压蔓有轻压和重压之分。轻压可使瓜蔓顶端生长加快，但较细弱；重压后瓜蔓顶端生长缓慢，但很粗壮。生长势较旺的植株可重压，如果植株徒长，可在瓜蔓长到一定长度时将秧头埋住（俗称扪顶）。在雌花着生节位前后几节不能压蔓，雌花节上更不能压蔓，以免使子房损伤或脱落。为了促进坐果，在雌花节到根端的蔓上轻压，以利于功能叶制造的营养物质向前运输；雌花节到顶端2～3节重压，以抑制营养物质流向顶端，控制瓜秧顶端生长，迫使营养物质流向子房或幼果。注意西瓜压蔓宜在中午前后进行，早晨和傍晚瓜秧易折断，不宜压蔓。

（6）授粉。一般选择主蔓第2或第3朵雌花、侧蔓第1或第2朵雌花进行人工授粉。7—10时是西瓜授粉的最佳时间。授粉时间选择晴朗天气，阴天开花较晚，授粉时间应推迟到8—11时。也可选择蜜蜂授粉，一般将蜂箱放在大棚中央位置。在对应放置蜂箱的位置两边打开2米左右的风口，并拴好带颜色的标记，以便于蜜蜂飞行（注意事项详见蜜蜂授粉技术）。

（7）追肥。当正常结瓜部位的雌花坐住果，幼瓜长到鸡蛋大小后，进入膨瓜期。此时期是西瓜一生需肥量最大的时期，同时也是追肥的关键时期。膨瓜肥一般分两次追施，第1次施用是在幼瓜鸡蛋大小时冲施，施用量为每亩尿素5千克或磷酸二铵15～20千克、硫酸钾5～7.5千克。第2次施用在西瓜长到碗口大小时，每亩追施尿素5～7千克、过磷酸钙3～4千克、硫酸钾10千克或冲施同等养分含量的其他肥料。注意不宜施含氯化肥，不宜在土壤干旱时施浓肥，应施低浓度肥，并做到先浇水后施肥，或施肥与浇水同时进行，不宜在阴雨天施肥，不宜施表面肥料，最好是随水冲施，以防肥分损失，不宜施尿素后马上灌水。

5. 适时采收

大棚西瓜应适时采收，第一批瓜一般在坐瓜后35～40天采收。采收标准是：果皮坚硬光滑，呈本品种固有皮色，脐部和果蒂部位向里凹陷、收缩。用手拍打果实，发出浊音为熟瓜，声音清脆为生瓜。远途销售西瓜可在九成熟采收，当地销售采收满熟西瓜。

（二）小果型西瓜早春大棚栽培技术

1. 品种选择

适合市场需求的栽培品种应选择具有早熟、优质、高产、抗病和耐低温等特点的品种，如L-600、京美2K、光辉1000等。农户还可根据需要进行品种的选择，如富含番茄红素、富含瓜氨酸等具有保健作用的功能性西瓜品种以及皮薄、大小如苹果、可削皮食用西瓜（如京雅）等特色品种。

2. 定植前准备

应用测土配方施肥技术，采集土样，根据预期产量指标、土壤供肥量及不同肥料的利用率，确定肥料配方。按照配方进行底肥施用。定植前15～20天扣好大棚膜、定植前加盖二层天幕和小拱棚以提高地温和棚温。安装好天窗和微喷灌溉装置。定植前1周洇地，每亩灌溉35～40立方米。

3. 定植及定植后管理

（1）定植。瓜苗长到3叶1心或4叶1心且10厘米土温稳定在10℃以上时可进行定植。可以根据种植习惯和目的采取单蔓整枝、双蔓整枝或三蔓整枝。一般单蔓整枝每亩定植1 600～1 800株，双蔓整枝和三蔓整枝每亩定植1 300～1 400株。小果型西瓜还可采用密植栽培，采用单蔓整枝，每亩定植2 200～2 500株。定植时不可以使用吡虫啉缓释剂，以防影响蜜蜂授粉。

（2）定植后管理。定植后先浇定植水，每亩灌溉 15 立方米左右，定植后一周内，密闭大棚，白天 30℃、夜间 15℃以促进缓苗。西瓜种苗定植 7～10 天后，悬挂黄蓝板，黄色粘虫板监测蚜虫和粉虱；蓝色粘虫板监测蓟马。团棵期到伸蔓期白天温度控制在 25～30℃，夜间 15～20℃，白天温度高于 30℃开始打开天窗通风。开花前一周左右进行灌溉，保证土壤湿度在 70%，雌花开放前 1～2 天，傍晚放置蜂箱进棚，蜂箱放到干燥处，打开蜂箱两边风口，并拴好带颜色的标记。每日为蜜蜂更换清水，水上放一些木条或其他漂浮物，以便蜜蜂饮水。授粉期间大棚温度保持在 25～30℃，必须控水。西瓜果实长到鸡蛋大时，随水追施膨瓜肥并进行疏果。果实膨大期白天温度应保持在 30℃左右，注意通风排湿，降低湿度，预防病虫害发生，根据西瓜长势和土壤墒情进行灌溉和施肥，成熟前一周左右停止灌溉施肥。

4. 适时采收

春大棚种植西瓜一般在果实发育期 35～40 天采收。西瓜成熟常用的鉴别方法有标记法、感官法、轻敲法等，成熟后应及时采收。

（三）薄皮甜瓜栽培技术

1. 育苗

（1）品种选择。甜瓜是喜温蔬菜作物，早春塑料大棚种植温度较低，应选择优质丰产、抗病性强、易坐果、耐低温弱光、适应性好的薄皮甜瓜品种，如金玉满堂、绿宝 2 号、羊角脆、竹叶青等。

（2）培育壮苗。采用温汤浸种方法进行催芽。浸种用水的适宜温度为50～55℃，水量为种子的5～6倍，将种子去杂去劣，倒入水中，搅拌至常温后浸泡4～6小时（浸种时间视种子大小、新旧、种皮薄厚而定），沥干种子表面水分，覆盖1～3层纱布，装入塑料袋中保湿，塑料袋表面扎一些小孔保持空气流通。将种子置于28～30℃的恒温环境中催芽，大约24小时，50%以上种子露白后即可播种。采用穴盘育苗方式，使用50孔穴盘和甜瓜专用育苗土，将基质淋湿拌匀，湿度以手攥成团但不滴水为宜，播种前1天装好穴盘。播种时每穴放1粒种子，种子平放，胚根朝下，覆土深度1厘米左右，播种后浇透水，出苗前不浇水，覆盖薄膜保温保湿。出苗后控制白天温度为25～30℃、夜温为18～20℃。嫁接方式采用贴接法，为了使苗子尽快适应定植后的环境，定植前7～10天需进行炼苗。

2. 定植及定植后管理

早春栽培穴盘育苗定植的最佳时期为幼苗苗龄2叶1心、塑料大棚内10厘米地温稳定在15℃以上。选择晴朗无风的天气进行，薄皮甜瓜每亩定植2 000～2 400株，株距0.3米，行距为1.2～1.4米。定植后大棚膜、两层天幕、小拱棚都要密闭增温，地温最好保持在25～27℃，白天温度控制在30℃，夜间不得低于15℃。

3. 田间管理

（1）温度管理。幼苗期（团棵期）温度为25℃。伸蔓期白天温度为25～30℃，夜温为16～18℃，结果期白天温度控制在25～30℃，夜间不能低于10℃。

（2）湿度管理。甜瓜生长发育适宜的相对空气湿度为60%～75%。种子发芽期要求需水量大，播种前应充分灌水；幼苗时期因根系较浅，需保持土壤湿润，土壤含水量为60%；营养生长阶段，要求土壤最大持水量为60%～70%；开花坐果时期对空气湿度反应敏感，果实膨大期为80%～85%；果实成熟期，土壤湿度应稍降低，田间持水量保持50%～60%，过高或过低容易引起裂瓜。

（3）水肥管理。一般定植7～10天后浇缓苗水，此后至开花期根据土壤墒情进行适当浇水。果实鸡蛋大小时浇膨瓜水、施膨瓜肥，每亩施磷酸二铵30千克、硫酸钾20千克。坐果后到果实成熟期间，可根据土壤墒情适当浇小水。

（4）整枝打杈。薄皮甜瓜保护地吊蔓栽培应根据品种结果习性进行单蔓或双蔓整枝。

①单蔓整枝：将主蔓10节以下侧枝及时打掉，10节以上侧枝可连续留瓜4～5个，侧枝留1～2片叶掐尖，主蔓25片叶时摘心。

②双蔓整枝：幼苗4片真叶时摘心，掐尖后每个叶腋间均会长出侧蔓，选2条生长健壮、长度相当的子蔓，将子蔓6节以下发生的侧蔓及时打掉，7～12节作为结果侧蔓留1～2片叶掐尖，13节以上孙蔓打掉。植株顶部留3～4条侧蔓，单株留瓜4～6个，留瓜时保证子蔓留瓜节位一致。

（5）授粉。薄皮甜瓜多为人工授粉。人工授粉可以避免坐果畸形、坐瓜节位不齐等问题，提高了坐果率和产量。甜瓜开花后两小时内，雄花花粉的生活力最强，一般在9时以后开始人工授粉，一朵雄花可涂抹2～3朵雌花，也可收集雄花花粉用软毛笔涂抹雌花。为了更好地坐果，可以在果前1～2片叶摘心。此外，遇阴雨天还可以使用坐瓜灵，但要注意使用浓度，按说明书配制，坐瓜灵使用不当会产生畸形瓜，最好人工授粉。

（6）留瓜。植株留瓜的位置和数量根据品种和整枝方式而确定，甜瓜1株可结多个瓜，及时选瓜留瓜非常重要。选择果型好、个头大、颜色鲜亮、果脐小、果柄粗大的留取为好。一般每株一茬果选留4～5个，植株中部节位以上的果实，选留需视情况而定；二茬果需在植株26～30片叶留果，以孙蔓结果为主，可留四杈，待侧杈长出来，若无瓜扭时，需打尖重新培养新的侧杈，以待结瓜。

（四）厚皮甜瓜栽培技术

1. 育苗

（1）品种选择。应该根据不同栽培地区、不同栽培方式以及不同栽培季节来确定。此外，各地消费习惯和需求以及开发经销效益的不同，导致了市场对厚皮甜瓜品种的需求不同。

（2）培育壮苗。根据不同栽培茬次的适宜定植期，以及苗龄的长短向前推算，确定甜瓜的播种期。一般情况，早春茬甜瓜的苗龄在35～40天，夏秋季节苗龄在15～20天。北京地区早春日光温室适宜的育苗期一般为12月上旬至翌年1月中旬，塑料大棚栽培的在2月中旬至2月下旬，采用双幕覆盖的大棚播种期一般提前至1月下旬。播种前催芽，首先在45～50℃温水中浸种4小时左右，浸种后用湿毛巾包裹置于恒温30℃的环境内进行催芽，一般经过24～36小时，嫩芽露白就可以播种。

幼苗出土前床温白天28～32℃，夜晚17～20℃。幼苗出土后白天床温控制在22～25℃，夜晚15～17℃。真叶展开以后，温度白天可提高到28～30℃，注意通风换气，地温可维持在23～28℃，以利于根系的生长和培育壮苗，出苗前注意炼苗。

2. 定植

选晴朗无风的上午按大小苗分别定植，定植地底墒应充足，定植前一天给苗床喷水，浸透营养钵，防止起苗时散坨，每畦定植两行，单蔓整枝时株距33厘米，双蔓整枝时株距40～45厘米。定植后立即覆盖小拱棚，地温较低时，大棚二层天幕封严以提高地温，促进缓苗。

3. 田间管理

（1）温度管理。定植期至缓苗期白天棚内温度应稳定在25～30℃，土温应维持在20℃，夜间应不低于20℃。缓苗后适当通风降温，开花前白天温度控制在25～30℃，夜间在15℃左右。开花期白天温度27～30℃，夜间15～18℃，果实膨大期白天27～30℃，夜间15℃。成熟期白天温度在28～30℃，夜间12～15℃。

（2）湿度管理。坐果前白天空气相对湿度控制在60%～70%，夜间不超过90%，甜瓜能正常生长。坐果后对空气湿度反应敏感，白天空气湿度控制在60%左右，夜间不超过80%。当棚内湿度和温度调节发生矛盾时，以降低湿度为主。此外，在保证温度的同时，要加强通风排湿。控制浇水量，避免大水漫灌，可采用膜下微喷或者滴灌。

（3）水肥管理。晴暖天午前浇水，要小水勤浇，勿大水漫灌；最好采用膜下灌溉。苗期浇水量不要过大，定植后3～4天选择晴天上午浇水，无须施肥，伸蔓期浇花前水，甜瓜长到鸡蛋大小时进入膨瓜期需浇水施肥，果实近成熟时控制浇水，收获前 10 天停止浇水。

（4）整枝。采用单蔓整枝和双蔓整枝。

①单蔓整枝：植株 6～7 片叶时支架并绑蔓，主蔓不摘心，11 节以下不留侧蔓，及早摘除多余侧蔓，选取 12～15 节子蔓为结果蔓，坐瓜后瓜前留 2～3 片叶摘心，14 节以上子蔓也摘除，仅留顶部 2～3 个子蔓，留 3～4 片叶后摘心。单株留瓜 1～2 个，主蔓 25～28 片叶摘心，随着生长发育及时摘除老、黄、病叶。

②双蔓整枝：植株 5～6 片叶时，主蔓摘心，选留两条子蔓上架吊秧，子蔓 12～15 节处留瓜，每条子蔓选留一个果形周正的甜瓜，将其他孙蔓摘除，子蔓 24～26 片叶时摘心

（5）授粉。可采用人工授粉，花期遇到夜温低于 15℃或连阴雨天，不易坐瓜，可使用生长调节剂处理雌花促进坐果，尽量避免使用激素处理，使用不当容易引起果实畸形，影响甜瓜品质。还可以采用熊蜂进行授粉。

（6）适时采收。采收期是否适宜，对厚皮甜瓜的品质和储运影响很大，一般根据品种熟性特征进行判断。果皮色泽转变，果面发亮，显现出品种固有的色泽、网纹等且果实糖分达到最高且肉质尚未变软时采收最好，采收应在晴天无露水的早晨进行。此外，坐果节位卷须干枯，叶片枯黄，果柄发黄，果柄附近茸毛脱落，果顶变软，均为果实成熟的标志，可进行采收。

第四章
西瓜、甜瓜病虫害防控技术

一、西瓜、甜瓜侵染性病害

西瓜、甜瓜侵染性病害一般指植株某一部位或某些部位遭受病原侵染所造成的病害。病原分为细菌、真菌和病毒 3 类。有时不同病原感染产生的症状会很相似，因此在侵染性病害防控工作中要根据不同感染症状的独有特性，仔细甄别病原类型，从而做到对症下药，以达到良好的防控目的。

不同病原感染的总体特性如下。

细菌感染：细菌有细胞结构，没有核膜包被的细胞核，只有拟核，菌群没有明显界限。通常破坏细胞壁，让细胞内的物质外渗或阻塞水和营养物质在植物体内运输，造成腐烂、萎蔫症状。细菌造成的腐烂大多有臭味，并有臭水流出。细菌性病害一般和流水、淹水、雨水飞溅等密切相关。

真菌感染：真菌有细胞结构，有核膜和细胞核，有明显的菌丝，菌群没有明显界限。真菌感染一般会造成西瓜、甜瓜根部、茎蔓或叶片坏死，有时也发生腐烂，但真菌造成的腐烂一般没有臭味，有衣物发霉甚或发酵的味道。

病毒感染：病毒没有细胞结构，没有核膜，要寄生才能生存，通常被蛋白质结晶包裹。病毒入侵植物一般不会立刻杀死植物，主要是改变植物生长发育过程，引起植株颜色或形状的改变，一般称为变色和畸形。病毒病害的传播常与昆虫的活动有关。

1. 立枯病

（1）病原。立枯丝核菌，属半知菌亚门真菌。

（2）发病症状。西瓜、甜瓜均可发生，主要侵染植株根尖及根，初发病时在苗茎基部出现椭圆形褐色病斑，发病早期叶片白天萎蔫，晚上恢复，以后病斑逐渐凹陷，发展到绕茎一周时病部缢缩干枯，在湿度大的条件下患病部位会长出白色霉层。

（3）发病原因。一般幼苗期发病，病株不倒伏，呈立枯状，故称为立枯病。有时也可在种子未萌发前侵染，造成种子腐烂。一般幼苗期温度过低、湿度过大时易发生，特别当土壤温度在10℃以下时，由于幼苗生长受到抑制而病菌可以正常繁殖，因此易受到侵害；同时，播种过密、温度较高也可诱发此病，北京地区保护地栽培一般在2月初至3月中旬育苗期间易发生。

（4）防治方法。选用无病菌新土或已消毒的基质育苗，加强苗期管理，天气晴朗时适当放风除湿、防徒长。遇倒春寒或雨雪天气要根据实际情况，适当开展增温措施，保住地温。播种前做好种子消毒工作，可用2.5%咯菌腈悬浮种衣剂用种子重量的0.2%～0.3%拌种。例如，用2.5%咯菌腈悬浮种衣剂12.5毫升，兑水50毫升，充分混匀后倒在5千克种子上，快速搅拌，直到药液均匀分布在每粒种子上，晾干后播种。也可用40%福美·拌种灵可湿性粉剂或20%甲基立枯磷乳油等药剂拌种。发病后，及时拔除病株，消毒后深埋入非耕种地块。

2. 猝倒病

（1）病原。以瓜果腐霉菌为主，属鞭毛菌亚门真菌。

（2）发病症状。西瓜、甜瓜幼苗均可染病，子叶营养用完，新根未扎实时为主要感染期，一般在1～2片真叶期易发生，3片真叶后发生较少。发病初期在幼苗近地面处的茎基部，产生黄色至褐色水渍状病斑，病情发展后发病的茎基部可缢缩，最后致幼苗猝倒，一拔即断。该病在育苗时或直播地块发展很快，一经染病，叶片尚未凋萎，幼苗即猝倒死亡，湿度大时，在病部或其周围的土壤表面生出一层白色棉絮状物。

（3）发病原因。病菌在土壤中越冬，湿度大时以游动的孢子或直接长出芽管来侵染宿主，因此易随雨水或灌溉水迅速传播。

（4）防治方法。有条件的地区建议采取集约化工厂育苗方式，按规范流程育苗。普通农户一家一户种植建议选用无病大田土、塘土或基质育苗，或将苗土高温、药剂杀菌后使用。育苗期间避免低温、高湿情况发生。已发生的可用722克/升霜霉威水剂400～600倍液，或15%噁霉灵水剂1 000倍液，或38%甲霜·福美双可湿性粉剂1 000倍液等进行喷雾防治，每7天喷1次，连续喷1～2次可缓解病情。

3. 蔓枯病

（1）病原。瓜类黑腐球壳菌，属子囊菌亚门真菌。

（2）发病症状。西瓜、甜瓜均可发病。西瓜主要侵染叶、蔓和果实。幼苗发病初呈水浸状小点，逐渐扩散成黄褐色或青灰色不规则形病斑，严重时整片叶枯死。成株感染一般在叶片上形成黄褐色或灰褐色病斑，病斑部位干燥易破裂，可遍布全叶。茎蔓感染时局部呈水渍状，缢缩或有裂痕，有胶状物流出。

一般 1 蔓或 2 蔓萎蔫，很少出现整珠同时萎蔫的情况，维管束会明显木栓化，湿度大时有汁液流出。甜瓜主要侵染主蔓和侧蔓，有时为害叶片。茎蔓发病初期在蔓节处出现水渍状斑点，有时有红褐色胶状物流出，后期病斑干枯、凹陷、易碎烂。叶片发病初期在叶缘出现黄褐色“V”形病斑，有轮纹，后续斑点扩散直至叶片枯死。

（3）发病原因。病菌随病残体入土过冬，也可附着在种子上，翌年产生分生孢子及子囊壳，随风雨传播，从气孔、水孔或植株伤口侵入。偏施氮肥、通风透光不足或田间湿度过大时易发生。最易发生温度为 22～26℃，高温时病菌不易存活。

（4）防治方法。上茬作物收获后及时拉秧，清除病残落叶，平衡施肥，灌溉后注意通风，防治棚室湿度过大。种子用 36% 多·酮悬浮剂 100 倍液浸泡 30 分钟，晾干后直播，也可以用咯菌腈种衣剂包衣的种子。易感染的病株可用 75% 百菌清可湿性粉剂 600 倍液，或 70% 代森锰锌可湿性粉剂 500 倍液，或 50% 多菌灵可湿性粉剂 600 倍液，或 70% 甲基硫菌灵可湿性粉剂 600 倍液 +70% 丙森锌可湿性粉剂 600 倍液喷施。

4. 叶枯病

（1）病原。瓜链格孢，属半知菌亚门真菌。

（2）发病症状。西瓜、甜瓜均可发病。多为害叶片，子叶染病多在叶缘出现水渍状小点，后变成黄褐色或褐色圆形或近圆形水渍状斑。真叶染病多在叶背面的叶缘和叶脉间出现明显的水渍状小点，天气晴朗气温高时形成圆形或近圆形褐色病斑。茎蔓染病多产生梭形凹陷。

（3）发病原因。病原菌在种子上或随病残体入土过冬，随风、雨、昆虫、农事操作等传播，通过气孔、水孔或伤口侵入。植株坐果后由营养生长向生殖生长转化时易感染，遇连阴雨天气相对湿度大于 80% 时易发生。

（4）防治方法。避免偏施氮肥，灌溉后及时通风。沟栽模式或地膜模式建议采用“M”形畦膜下灌溉方式进行水肥管理，防止棚内湿度过大。种子播前可用多菌灵或福美双拌种处理。发病初期可用 75% 百菌清可湿性粉剂 600 倍液，或 70% 代森锰锌可湿性粉剂 500 倍液，或 25% 溴菌腈可湿性粉剂 700 倍液 + 70% 代森锰锌可湿性粉剂 700 倍液喷施，可取得较好效果。

5. 霜霉病

（1）病原。古巴假霜霉菌，属鞭毛菌亚门真菌。

（2）发病症状。西瓜、甜瓜均可发病。西瓜发病初期叶面上出现水浸状不规则病斑，而后逐渐扩大变为黄褐色，湿度大时叶片背面有灰褐色或黑色霉层，传染较快，后期整片叶片枯死脱落。甜瓜发病主要为害叶片，初期为叶片上出现黄色病斑，逐渐沿叶脉形成扩散，后期发展为褐色多边形病斑，湿度大时发展速度极快，造成叶片枯萎脱落。

（3）发病原因。病菌不耐寒，一般寒冷地区不能露地越冬，随植株一同死亡，种子带菌概率小，多发生于保护地栽培模式中。病菌主要通过空气传播，从气孔侵入，在郁闭严重湿度大时传播快，适宜传播温度为 20～24℃，低于 15℃或高于 30℃时病菌受抑制。

（4）防治方法。选择方便排水的地块栽培，保证植株密度合理，避免过密栽培。保护地栽培遇阴雨天注意适当通风，避免叶片上形成水膜。平衡施肥，避免偏施氮肥，提高植株抗病性。染病后可用 84.51% 霜霉威·乙膦酸盐可溶性水剂 700 倍液喷施，每隔 5 天喷施 1 次，直至病情缓解。

6. 枯萎病

（1）病原。尖孢镰刀菌，属半知菌亚门真菌。

（2）发病症状。西瓜、甜瓜均可发病。西瓜发病初期叶片从近根端向远根端逐渐萎蔫，似缺水症状，中午明显，早晚可恢复。后期叶片逐渐枯萎，不能复原，茎蔓基部缢缩，病部出现褐色病斑或琥珀色胶状物，根系腐烂，茎基部纵裂，维管束变成褐色。湿度大时病部有粉红色霉层。甜瓜苗期染病后叶片颜色变浅，逐步萎蔫枯死。成株染病后症状与西瓜类似。与蔓枯病最主要区别在于染病后期茎蔓会出现纵裂，且维管束坏死变成褐色。

（3）发病原因。可在土壤或病残体中越冬，主要由土壤带菌，随灌溉水传播，也可通过种子传播。全生育期可发病，地温 25℃左右时最易发生，低于 15℃或高于 35℃，病菌受到抑制。生育后期开花坐果后和湿度大时更易发生。

（4）防治方法。选用包衣种子或用 2.5% 咯菌腈悬浮剂拌种，避免种子带病。用 70% 噁霉灵可湿性粉剂 1 克拌细沙 1 千克均匀洒在苗床上作盖土。选用京欣砧 1 号、京欣砧 2 号、京欣砧 4 号或其他南瓜及葫芦型抗枯萎病砧木品种进行嫁接，此方法对枯萎病防治效果最佳。染病后可用 70% 甲基硫菌灵可湿性粉剂 600 倍液 +60% 琥·乙膦铝可湿性粉剂 500 倍液防治，但染病后的药剂防治效果一般不理想，建议及时去除病株。

7. 白粉病

（1）病原。瓜单囊壳和葫芦科白粉菌，属子囊菌亚门真菌。

（2）发病症状。西瓜、甜瓜均可发病，一般苗期发病少，主要为害叶片、叶柄和茎部。染病初期叶片上形成水浸状黄色圆斑，由病斑上逐渐产生白色粉末状物，相互连接扩散形成大片白斑。严重时病斑上生出褐色小点粒。传播速度极快，几天内可造成大面积植株叶片枯黄。叶柄和茎蔓感染初期形成圆形小斑点，然后产生白色粉末状物，可布满叶柄或茎蔓。西瓜、甜瓜发病症状较为相似，一般保护地甜瓜由于生长环境湿度大、温度高，较西瓜易发病。

（3）发病原因。病菌一般在病残体中越冬，随雨水、灌溉水和气流传播。植株郁闭，透气性差和湿度大时易发病。

（4）防治方法。保持合理栽培密度，适当通风，加强田间管理，均衡施肥，及时清理病残体，有条件的地块可在种植前闷棚消毒。染病后可用30%嘧菌酯悬浮剂2 000倍液，或30%氟菌唑可湿性粉剂2 500倍液，或采用30%醚菌酯悬浮剂2 500倍液+75%百菌清可湿性粉剂800倍液进行防治。

8. 炭疽病

（1）病原。瓜类炭疽病菌，属半知菌亚门真菌。

（2）发病症状。西瓜、甜瓜全生育期均可染病，是一种分布广泛、普遍发生且全生育期均可发生的病害。常为害叶片、叶柄、茎蔓和果实。苗期发病，子叶上出现圆形褐色斑点，边缘有浅绿色轮纹。茎蔓染病，病部呈半圆形缢缩并变为黑褐色，可致幼苗猝倒。成株发病，多为叶片上出现圆形或纺锤形水渍状斑，后干枯成黑色，常有一圈圈轮纹，干燥后易碎裂穿孔。湿度大时，病斑表面有粉红色小点。叶柄或茎蔓发病时，病部缢缩，黄色水渍状病斑，绕茎一周后茎蔓枯死。果实染病后，未成熟果实病斑呈水渍状，有绿色圆斑；成熟果实初期为凸起的病斑，后变为褐色凹陷，湿度大时，病斑部位产生粉红色黏稠物，然后变黑腐烂。

（3）发病原因。病菌主要在病残体和土壤中越冬，随雨水、灌溉水和气流飞散传播。棚室湿度大且温度在22℃左右时最易发病，低于10℃或高于30℃病菌受到抑制。湿度低时不发病，或症状轻微。

（4）防治方法。选用包衣种子或进行种子消毒，用55℃的温水浸种15分钟后自然冷却或用30%苯噻氰乳油1 000倍液浸种6小时。加强田间管理，多施有机肥，合理密植，平整土地，防止雨后积水。保护地栽培可用烟雾法或粉尘法预防。发病后可用80%福·福锌可湿性粉剂600倍液，或50%多菌灵可湿性粉剂500倍液，或72.2%霜霉威水剂700倍液，或70%代森锰锌可湿性粉剂500倍液7～10天喷施1次，喷施2～3次即可获得较好防治效果。

9. 病毒病

（1）病原。黄瓜花叶病毒、甜瓜花叶病毒和烟草环斑病毒。

（2）发病症状。西瓜、甜瓜均可染病。病株呈系统性花叶症状。幼苗期发病或顶部叶片发病出现浓淡相间的花叶，病叶变窄、变小或皱缩畸形。真叶发病叶面出现黄绿色斑点，凹凸不平。严重时叶片变小，植株萎缩，茎节变短，坐瓜困难。

（3）发病原因。病原本身不易扩散，一般随蚜虫在多年生宿根植物中越冬，并随蚜虫迁飞和吸食活动感染植株。气温在20～25℃时最易发生。干旱、缺水、缺肥、杂草丛生或附近有蜜源植物时最易传播。

（4）防治方法。加强管理，及时追施复合肥或喷施叶面肥，提高植株抗性；去除田边杂草，减少虫源。可用 20% 氰戊·马拉松乳油 1 500 倍液，或抗芽威乳油 2 000 倍液防治蚜虫。发病初期可喷施 5% 菌毒清水剂 500 倍液或 20% 盐酸吗啉胍·乙酸铜可湿性粉剂 600 倍液控制病毒发展。

10. 疫病

（1）病原。疫霉，属鞭毛菌亚门真菌。

（2）发病症状。主要发生在西瓜上，茎、叶、果实均可染病。在排水不良、低洼潮湿的地块发病严重。幼苗染病表现为子叶出现水渍状圆形黑绿色斑点，后逐渐扩大并干枯变为红褐色。真叶染病症状与子叶类似，染病严重时叶片似被开水烫过，后干枯变为褐色，易破碎。茎秆染病表现为纺锤形水渍状黑绿色斑点，严重时绕茎秆一周缢缩腐烂，造成染病部以上植株枯死。果实染病表现为水渍状斑点，逐渐凹陷并连接扩散，直至全果腐烂，生出白色菌丝。

（3）发病原因。病原以卵孢子及菌丝体在土壤或粪中越冬，随气流和水流传播，因此多发生于雨季，尤其是露地栽培且地势低洼、排水不良的地块。保护地地块大水漫灌时也易发生。

（4）防治方法。露地或保护地栽培时需起高畦并设立排水沟，及时排除积水。有条件的地块建议使用滴灌或微喷灌溉，也可使用膜下“M”形畦灌溉，尽量避免大水漫灌。播种前种子用 55℃的温水浸种 15 分钟后自然冷却，再用 50% 福美双可湿性粉剂浸泡 6 小时以充分消毒。发病后可每亩用菌根 5 袋，兑水 250 升灌根，或 72% 霜脲·锰锌可湿性粉剂 700 倍液，或 52.2% 噁酮·霜脲氰水分散剂 1 500 倍液，或 72.2% 霜霉威水剂 600 倍液，或 30% 醚菌酯悬浮剂 2 500 倍液 +75% 百菌清可湿性粉剂 800 倍液喷施。

11. 真菌性叶斑病和细菌性叶斑病

（1）病原。真菌性叶斑病病原为链格孢菌、瓜类尾孢、瓜灰星霉及棒孢霉等，属半知菌亚门真菌。细菌性叶斑病病原为假单胞杆菌，属细菌。

（2）发病症状。主要发生在西瓜上。真菌性叶斑病主要为害叶片，形成暗绿色圆形或近圆形水渍状病斑，后发展成坏死斑，湿度过大时病部有灰褐色霉状物，病斑可布满整叶。细菌性叶斑病又称角斑病，叶片、茎蔓和果实均可染病。子叶染病多为褐色多角形病斑，真叶染病初为水渍状半透明小点，后扩散为黄色病斑，外围有黄色晕圈。叶缘发病一般形成黄褐色坏死斑。湿度大时叶背面有乳白色菌液溢出。茎蔓和果实染病初期呈水渍状斑点，后凹陷、腐烂形成龟裂，一般有菌液流出并有腐败味道。

（3）发病原因。真菌性叶斑病主要以菌丝体形式随病残体越冬，主要经气流传播。高温、高湿时易发病。细菌性叶斑病病原在种子表面或病残体中越冬，借气流、水流或昆虫皆可传播。高温、高湿和连作地块易发病。

（4）防治方法。真菌性叶斑病可通过合理施肥，增强植株抵抗力，同时合理规划栽培方式和密度，增加通风透光性来预防。发病后可用 25% 嘧菌酯悬浮剂 1 200 倍液，或 20% 苯醚 · 咪鲜胺微乳剂 3 000 倍液，或 30% 醚菌酯悬浮剂 2 500 倍液 +75% 百菌清可湿性粉剂 800 倍液喷施。细菌性叶斑病可通过合理施肥、灌溉和通风减少发病。发病后可用 72% 农用链霉素可溶性粉剂 3 500 倍液，或 20% 噻菌铜悬浮剂 1 200 倍液喷施。

12. 果腐病

（1）病原。燕麦嗜酸菌西瓜亚种，属细菌。

（2）发病症状。主要发生在西瓜上，为检疫性病害，又叫细菌性斑点病、西瓜水浸病或果实腐斑病。主要侵染叶片和果实。子叶发病出现水渍状褪绿斑点，后变为暗棕色，沿主脉发展成黑褐色坏死斑。真叶发病为暗棕色病斑，边缘有黄色晕圈，沿叶脉发展多成多角形。果实受害初期表面出现灰绿色或黑绿色水渍状斑点，后迅速扩大为不规则形状的水渍斑，最后变褐色、龟裂，整个果实腐烂。染病部位常溢出黏稠、透明呈琥珀色的菌脓。

（3）发病原因。病原在种子表面或病残体中越冬，借气流、水流或昆虫皆可传播。高温、高湿环境中易发生。

（4）防治方法。加强检疫，病区的种子应在当地及时销毁，严禁外销。严格执行种子消毒，用 40% 福尔马林 150 倍液浸种 30 分钟后洗净，再用清水浸种 6 小时后催芽。有些品种对福尔马林过于敏感，应禁止使用此种方法消毒。管理中应避免连茬耕作、平衡施肥、合理确定株行距，注意通风透光。发病初期可用 20% 噻菌铜悬浮剂 600～800 倍液，或 30% 硫酸铜 500 倍液，或 47% 春雷·王铜可湿性粉剂 800 倍液喷施。如不见好转，应及时通知当地植保部门对地块进行清理、消毒，彻底清除病残体，避免大面积暴发。

13. 根腐病

（1）病原。瓜类腐皮镰孢菌，属半知菌亚门真菌。

（2）发病症状。主要发生在西瓜上，侵染茎秆和根系。染病初期病部呈水渍状，中午萎蔫，早晚可恢复，后逐渐缢缩，维管束变成褐色，症状类似于枯萎病，但是茎秆不出现纵裂。

（3）发病原因。病原在土壤或病残体中越冬，主要从伤口侵入，借水流传播，高温高湿和低洼水涝地块易发生。

（4）防治方法。西瓜嫁接时注意工具和场地消毒，防止病原进入伤口。加强田间管理，定植时避免伤根，雨后及时排水。有条件的地块用滴灌或微喷灌溉，防治棚室高温、闷热。染病后可用 80% 福・福锌可湿性粉剂 600 倍液，或 68% 福美双可湿性粉剂 800 倍液，或 30% 醚菌酯悬浮剂 2 500 倍液 +75% 百菌清可湿性粉剂 800 倍液喷施。

14. 黑斑病

（1）病原。细交链孢菌，属半知菌亚门真菌。

（2）发病症状。西瓜、甜瓜均可发病，西瓜发病初期主要侵染叶片。发病初期呈水渍状斑点，后逐渐扩大，相互连结，形成灰褐色大病斑，类似于炭疽病，病斑上有轮纹，严重时可致叶片枯黄。甜瓜发病主要侵染叶片、茎蔓和果实，一般老叶先出现褐色近圆形病斑，有轮纹，果实染病多在病斑或伤口上布满黑色霉状物。

（3）发病原因。病原在土壤或病残体中越冬，翌年温、湿度适宜时借水流或气流开始侵染。

（4）防治方法。注意使用无菌土或商品基质育苗，拉秧后及时清理枯枝、落叶。合理施肥，加强通风，染病后用 30% 醚菌酯悬浮剂 2 500 倍液 +75% 百菌清可湿性粉剂 800 倍液喷施，一般 2～3 次后可好转。

15. 细菌性角斑病

（1）病原。丁香假单胞菌致病变种，属细菌。

（2）发病症状。主要发生在甜瓜上，可侵染叶片、茎蔓和果实。染病初期沿叶脉或叶缘形成黄褐色多角形斑点，有时边缘有黄绿色晕圈，后变成黑褐色病斑。高温、高湿环境下叶片背面有乳白色菌液溢出。果实染病初期，表面有黄绿色水渍状病斑，逐步发展成褐色腐烂病斑，湿度大时产生白色菌液。

（3）发病原因。病原在种子表面或随病残体越冬，借水流、气流或昆虫皆可传播。一般连续阴雨、排水不畅的露地栽培和通风不畅的保护地栽培中易发生。

（4）防治方法。合理密植，保证植株间通风透光，雨后及时排除积水，保护地灌溉后及时放风。染病后可用20%噻菌铜800悬浮剂倍液，或72%农用链霉素可溶性粉剂2 500倍液喷施。

16. 细菌性叶枯病

（1）病原。油菜黄单胞菌致病变种，属细菌。

（2）发病症状。主要发生在甜瓜上，侵染叶片。染病后叶片出现水渍状斑点，病斑发展到一定程度周围产生晕圈。

（3）发病原因。主要通过种子带菌传播，高温高湿时易发生。

（4）防治方法。未包衣的种子要进行消毒处理，尽量采用滴灌、微喷或“M”形畦膜下灌溉方式栽培。染病后可用72%农用硫酸链霉素可溶性粉剂2 500倍液，或20%噻菌铜悬浮剂1 200倍液喷施。

17. 灰霉病

（1）病原。灰葡萄孢菌，属半知菌亚门真菌。

（2）发病症状。主要为害甜瓜，主要侵染果实，有时叶片和茎蔓也会染病。发病初期多由花部感染，逐步向果蒂扩散，后引起果实水浸状腐烂，病部产生灰色酶层，因此成为灰霉病。

（3）发病原因。病原一般随病残体在土壤中越冬，借气流、水流传播，高温高湿时易发病。

（4）防治方法。保护地栽培时合理控制大棚温度、湿度，尽量采用滴灌、微喷或“M”形畦膜下灌溉，适时通风，降低棚内湿度。染病后可用30%醚菌酯悬浮剂2 500倍液+10%苯醚甲环唑水分散粒剂1 500倍液，或50%嘧菌环胺水分散剂1 500倍液+70%代森锰锌可湿性粉剂800倍液喷施。

二、西瓜、甜瓜生理性病害

西瓜、甜瓜生理性病害指在生长过程中，因为温度、湿度、光照、空气和水分不适宜，营养元素缺乏或过量，机械损伤及其他非生物因子造成的生理失调，称为生理性病害。常见的有化瓜、裂果、西瓜黄带果、脐腐病、畸形果、日灼病、自封顶和粗蔓等。若发生症状后无法复原，需及时查清病因，解除不适宜生长的环境因素，防治病情扩散。

1. 急性萎蔫

（1）发病症状。一般在坐果后或收获前10～15天发生，经过数次反复，植株枯死。初期病株叶片白天萎蔫，夜间略有恢复，如遇连续阴天后骤晴，植株中午萎蔫，早晚恢复，在3～4天后加重，以致全株枯萎。除叶片和茎蔓逐渐枯萎外，无其他明显变化，一般发生急性萎蔫的病株根系较弱，维管束闭塞，严重时不需反复过程便可枯死。

（2）发生原因。整枝过度、坐果过多时易发生急性萎蔫症；与砧木品种也有关系，葫芦砧木生长势较弱，易发生急性萎蔫症状；也有的急性萎蔫症是由于放风过急、过大造成，特别是棚室内外温差过大时极易发生急性萎蔫症，这种急性萎蔫症一般是可以通过改善管理方式恢复的。另外，土壤温度过高或过低也能造成急性萎蔫症状。

（3）防治方法。合理整枝、留瓜，保证充分的营养面积；选用生长势较强的砧木，苗期及缓苗期加强水肥管理，促进根系发育；如遇阴雨天等气温较低天气要控制放风速度，风口逐级开放；使土壤温度保持稳定，极端天气下避免大量灌水造成的地温骤降问题；在发生急性萎蔫后要适当施入速效肥、喷施叶面肥或生长调节剂等，以促进植株恢复。

2. 徒长

（1）发病症状。徒长又称疯秧，分为幼苗期徒长和后期徒长。幼苗期徒长表现为茎蔓细长、叶片浅绿而薄、根系欠发达、定植后缓苗慢。后期徒长表现为节间长、茎粗、叶片大、叶色浓绿、坐果性差、产量低、抗病能力及抗逆性差。

（2）发生原因。一般是由于氮素营养过高、湿度过大、温度过高、光照不足等原因引起的。

（3）防治方法。控制基肥中氮素的施用量；前期严格控制灌溉次数和灌溉量，一般沙壤土在缓苗水后如瓜秧正午时不出现缺水症状尽量不要灌溉，直至坐果前 5～10 天才灌催瓜水，以促进雌花发育；要适时通风，增加光照，避免温度过高和水肥过大，定植后到坐果前一般不需追加单一化肥或复合肥；生长后期如出现徒长现象，要及时采用压蔓、打顶或施用生长抑制剂等方式平衡营养生长与生殖生长。

3. 植株自封顶

（1）发病症状。西瓜幼苗期生长点退化，不能正常地抽生新叶，只有两片子叶，有些自封顶苗虽能抽生1～2片真叶，但叶片萎缩，不能伸展。还有些自封顶苗在丛生一段时间后能够长出侧枝。

（2）发生原因。首先是因育苗期间温度过低，尤其是生长点附近有水珠，在遇到低温或寒流侵袭的时候易使生长点停止分化而产生自封顶现象；其次是种子陈旧，自身生长活性较低，造成生长点分化不良；再次是因药害、肥害、闪苗、病虫害等原因抑制生长点分化，使幼苗自封顶。

（3）防治方法。加强苗期温度管理，及时通风，降低育苗床湿度，遇到连续低温或寒潮时应注意保温，必要时进行辅助加温，育苗期温度应保持在25～28℃；选用保存完好且较新的种子进行播种；苗期应注重温、湿度管理，控制病虫害发生，减少喷药次数，喷药时要严格按照说明勾兑，严禁随意提高浓度；合理施肥，避免肥料过量造成烧苗。

4. 僵苗

（1）发病症状。西瓜僵苗俗称小老苗，一般发生在苗期或定植后，表现为生长极度缓慢，生长点分生仿佛进入停滞状态，展叶慢，叶色灰绿无光泽。根系发黄，须根少，严重时根系轻度木栓化，严重影响养分的吸收和运输。发生僵苗一般不至于导致植株死亡，但由于前期生长缓慢，根系易老化，在后期易出现早衰现象，且植株抗逆性较弱，在一定程度上会降低果实品质和产量。

（2）发生原因。僵苗主要是由于管理不当所致，一是早春育苗期气温、地温较低，使西瓜生长缓慢甚至停止；二是土壤黏重、含水量高，造成根系缺氧，影响营养物质的吸收和运输；

三是苗龄过大，再生能力降低，移苗或定植时操作粗糙，大量损伤根系，造成根系发育不良；四是施用未腐熟的粪肥造成烧根，粪肥发酵时产生的氨气向上蒸发，造成了熏苗；五是化学肥料施用过多，使土壤溶液浓度过高，从而阻碍了根系对水分的吸收；六是地下害虫为害；七是土壤过度干旱阻碍了植株生长。

（3）防治方法。改善育苗环境，确保夜间苗床温度不低于15℃，必要时用暖气或地热线进行加温；采用沙壤土或基质育苗，提升苗土透气性；根据定植期合理安排育苗时间，避免苗龄过大；使用充分腐熟的粪肥配置营养土或作底肥；用干净的塘土或稻田土育苗，或对育苗土充分消杀，避免病虫为害；科学灌溉，防止过旱或过涝。

5. 高脚苗

（1）发病症状。西瓜、甜瓜苗期易发生，一般苗期表现为茎蔓细长、叶柄长、叶片小而薄、叶色淡，整体长势较弱，抗逆性差。

（2）发生原因。主要是由于温度管理不当所致，在苗期如果苗床温度过高，通风不及时，使植株地上部生长过快，与根系发育不平衡。在弱光照条件下也易促进幼苗向上生长。此外，育苗土中氮素过多或过度灌溉也可造成幼苗过度生长，形成高脚苗。

（3）防治方法。苗期严格控制土壤温度，必要时使用地热线保证地温，但最高地温不得超过20℃，温度达到标准后及时停止加热；合理通风，在晴朗无风的天气适当放风，降低棚内温度，并促进棚内气体交换补充二氧化碳，白天室温不宜超过

28℃；配置育苗土时注意平衡营养，避免偏施氮肥；遇连阴天时可采用补光灯等措施进行人工加光。

6. 偏头瓜

（1）发病症状。多发生于西瓜栽培中，表现为坐果后果实发育不平均，一侧发育正常，另一侧发育迟缓或停滞，造成果实左右生长不均衡的现象。

（2）发生原因。授粉不均，授粉时花粉集中在柱头一侧，后期生长时种子多的一侧获得的营养物质较多而生长过快；授粉时用力过猛，使柱头一侧受到伤害，造成后期单侧发育不良；西瓜生长时表面温度不一致，长期受到阳光照射的一侧膨大较快，而处于阴面的一侧生长过慢；在花芽分化期间遇低温天气使花芽分化受阻；由于植株长势较弱或坐瓜节位较远，使幼瓜营养不良，从而导致发育不均匀。

（3）防治方法。育苗期加强苗期管理，花芽分化期（2～3 片真叶），防止温度过低，育苗土中要适当添加复合肥或粪肥，保证苗期营养；坐果时应尽量选择第 2、第 3 节位留果；授粉时要尽量用异株雄花授粉或用多个雄花给一个雌花授粉，且授粉时段最好在 11 时之前，以保证花粉数量和活性；授粉时注意抹花力度，防止用力过猛损伤柱头；坐果后要保证充足的水肥供应，在西瓜生长至鸡蛋大小时，及时追施膨瓜肥，一般追施 2～3 次即可。

7. 大肚子瓜

（1）发病症状。多发生于西瓜栽培中，大肚子瓜是指果实顶部接近花蒂部位膨大，而靠近果梗部发育缓慢，形成上小下大的葫芦状果实的现象。

（2）发生原因。主要是由于西瓜授粉时遭遇昆虫活动破坏，干扰了西瓜的正常受精过程，或是由于授粉时用力不均，伤害到花蒂部位，使西瓜受精后的胚珠分布不均匀而导致的。

（3）防治方法。加强苗期管理，花芽分化期出现 2～3 片真叶时，防止温度过低；控制坐瓜部位，在第 2～3 朵雌花留瓜；采用人工辅助授粉，每天 7 时 30 分至 9 时 30 分采摘刚开放的雄花涂抹雌花，尽量用异株授粉或用多个雄花给一个雌花授粉。授粉量大些并涂抹均匀利于形成周正的正常瓜；适时追肥，防止生产中后期脱肥，并在 70% 的西瓜生长至鸡蛋大小时，及时浇灌膨瓜水。

8. 空洞果

（1）发病症状。西瓜果实接近成熟时内部出现开裂、缝隙、空洞等现象称为空洞果。

（2）发生原因。空洞果的发生主要是由于品种选用和栽培管理不当导致的，有些品种易出现空洞果；坐果节位过低、氮素过多徒长或膨瓜期水肥不足也易出现空洞果。此外，空洞果还与授粉效果有关，当营养面积过大而授粉不良时易诱发空洞果，水肥管理不当，误施了含有膨大效果的生长调节剂，造成果实外皮生长过快，也会使果实内部空心。

（3）防治方法。选择易于栽培的优质品种；加强田间管理措施，合理选择坐果节位，低温、弱光照等不良条件下可适当推迟留瓜；坐果后要及时灌水追肥，合理施肥，避免偏施氮肥造成植株徒长；及时整枝、疏果，均衡营养生长和生殖生长，在果实进入膨大期时应停止整枝；在必要的情况下可以采用叶面施肥的方式及时补充营养，但严禁使用含有膨大剂成分的生长调节剂或叶面肥产品。

9. 尖嘴瓜

（1）发病症状。果实的花蒂部位变细，果梗部位膨胀形成上大下小的尖嘴瓜。

（2）发生原因。主要是植株叶片光合作用机能不足，西瓜膨大时得不到充足的营养而产生的。此外，坐果过迟或坐瓜过多，也易产生尖嘴瓜。

（3）防治方法。与防治大肚子瓜措施类似。加强苗期管理，避免 2～3 片真叶时温度过低；选择第 2～3 朵雌花留瓜；人工辅助授粉时要用力适当，涂抹均匀。适时追肥，防止生产中后期脱肥，果实膨大期及时浇灌膨瓜水。

10. 裂果

（1）发病症状。多发生于西瓜，甜瓜偶有发生，可分为田间裂果和机械损伤裂果。田间自然裂果一般从花蒂部位产生龟裂，机械损伤裂果可从伤口或花蒂部分产生龟裂，一般为瞬时爆裂。

（2）发生原因。裂果原因主要与品种有关，有些品种皮薄、质脆，在田间或采摘时受到震动易发生裂果现象；保护地栽培时果实生长后期在气温较低的天气情况下突然打开风口，由于温度骤变，果皮难以适应造成裂果；栽培管理方面，当土壤缺水时突然大量灌溉，使果肉生长速度超过果皮，从而造成裂果；过量使用添加有膨大剂成分的肥料也易造成裂果。此外，有些裂果自果脐部位开始，可能是由于土壤缺钙造成的。

（3）防治方法。选择抗裂品种；加强田间管理，在果实膨大期要以小水勤浇为灌溉原则，选择优质且养分均衡的肥料进行施肥，严禁使用含有膨大剂类的肥料；采用保护地栽培模式时，在坐果后期，遇阴雨及大风天气要分级多次开闭风口，避免棚内温度骤变；出现缺钙症状后要及时叶面喷施钙肥；采摘时要注意轻拿轻放，运输工具下要用棉被等柔软物进行铺垫。

11. 黄筋

（1）发病症状。将西瓜纵向切开，看到果肉的维管束变成黄色的纤维质带，有时也呈白色。一般此类果实表现为含糖量低、口感差。

（2）发生原因。植株生长势过旺，在果实成熟过程中如果遇到低温或叶片大量受损，由茎叶向果实运输的养分不足，导致维管束发育异常，没有完全退化所致。另外，与嫁接砧木的品种也密切相关，一般采用葫芦砧木的西瓜发生较少，而采用南瓜砧木的西瓜发生较普遍。

（3）防治方法。施足底肥，基肥多施有机肥，保证后期有充足的营养供应，并适量加入钙肥和硼肥，以促进植株体内营养物质的运输；科学整枝，及时控制病虫害，保留足够的营养叶片。选择亲和力强、抗逆性好的砧木品种，防止维管束过于粗大。

12. 粗蔓

（1）发病症状。西瓜、甜瓜均可发生，通常在生长后期表现为瓜蔓上翘，质脆易折断，膨大处有大拇指粗细，此种情况不易坐果。

（2）发生原因。瓜苗生长前期若出现水肥过度供应或养分供应不均时易发生粗蔓现象，是植株生长失衡的一种表现。

（3）防治方法。合理控制水肥，平衡氮、磷、钾等元素的施用，避免偏施氮肥。合理浇水，防止大量灌溉造成的徒长问题。当发现植株顶端上翘、新生叶片薄时应注意控制植株长势，可采用压蔓或折蔓等方式减少养分及生长调剂物质的运输，从而控制营养生长。

13. 裂蔓

（1）发病症状。西瓜、甜瓜均可发生，生理性裂蔓一般表现为茎蔓纵裂，横裂情况出现较少，伤口较为干燥，且茎蔓和其他部位没有出现病斑。与病理性裂蔓的主要区别是发病前期伤口附近无菌斑、无汁液。但伤口出现后易受病原菌侵染，需及时涂抹广谱性杀菌药剂预防。

（2）发生原因。主要是缺硼或是管理不当所致。当水肥管理不当，土壤养分和水分变化较为剧烈时，会造成茎蔓生长失衡，从而引发茎蔓纵裂，即与维管束方向平行的裂蔓。当土壤缺硼或是植株出现高温障碍阻碍了土壤中硼的吸收时，易造成茎蔓出现横裂，即与维管束方向垂直的裂蔓。

（3）防治方法。合理控制棚温和地温，高温天气尽量采取多次开风口的方式逐渐加大通风量，正午过热时可向棚膜上喷洒泥浆来遮阳降温，露地生产时可采取掀开地膜或杂草覆盖等方式降低地温；叶面喷施硼肥，可用硼砂 600 倍液或者速乐硼 1 200～1 500 倍液，缓解植株缺硼症状；采用保护地栽培模式可有效减轻裂蔓的发生；有条件的地块建议使用滴灌或微喷灌溉，提升水肥管理效果；在出现裂蔓现象后要及时全面喷施或局部涂抹阿米多彩、阿米妙收或百菌清等广谱性杀菌剂，防治病原菌侵染造成大面积传播。

14. 不同定植时期，果型不同

（1）症状。在西瓜和甜瓜栽培过程中，同样品种、同样管理模式，往往因定植期不同、保护地设施不同或坐果节位不同，形成椭圆程度不同的果型。

（2）发生原因。西瓜、甜瓜生长发育前期主要进行纵向生长，后期主要进行横向生长，一般常见品种均遵循此生长规律。当早春栽培坐果后，温度较低时会使纵向生长速度减缓，而后期横向生长时温度有所提升，便会造成西瓜纵横比降低，使果实偏圆形，因此往往椭圆形西瓜品种在秋茬栽培时纵横比要大于春茬。另外，果型的变化与坐果节位也存在一定联系，一般第 1 雌花坐果纵横比要小于第 2 雌花，而第 4、第 5 雌花之后对果型的影响因品种而异，无明显规律可循，所以栽培时要根据需求，适当调整茬口和坐果节位以保证得到预期的瓜型。

15. 化瓜

（1）发病症状。西瓜、甜瓜均可发生，但西瓜更易发生。化瓜表现为授粉后幼瓜发育一段时间（3～5 天）后停止生长，逐渐褪绿变黄，最后萎蔫坏死。

（2）发生原因。天气不佳、管理不当和植株缺陷都可诱发西瓜、甜瓜化瓜。一是花期如遇阴雨天导致花粉提前吸湿破裂或是人工授粉时段不正确等都会造成授粉不良，使子房不能膨大生长而产生化瓜；二是由于花期温度过高或过低不利于花粉管伸长，出现受精不良或授粉时光照不足使子房出现营养不良都会造成化瓜；三是植株徒长或长势过弱，易导致生殖生长受阻而化瓜；四是雌花或雄花花器发育不良，如柱头过短、无花粉或雌蕊退化等，也会引起化瓜。

（3）防治方法。发生化瓜时要准确分析诱发原因，有针对性地采取相应管理措施。授粉时宜选择晴天 8—10 时，此时花粉活性最佳，采用异株和多雄花授粉时，可明显提高坐果率；育苗期在瓜苗生长至2～4片真叶时要加强温、湿度管理，促进花芽正常分化；建议一次性给足底肥，采用有机肥混合速效复合肥的方式最佳，坐果前一般不进行追肥；合理灌溉，授粉前7天不应浇水，防止植株徒长；定植后要适当蹲苗，促进根系发育，避免生长后期长势过弱或出现早衰；授粉后可对瓜后茎蔓进行捏蔓或压蔓，促进水肥向生殖生长供应。

16. 冻害

（1）发病症状。西瓜、甜瓜均可发病。一般症状较轻时瓜苗叶片边缘发白，萎蔫，伴有短暂的生长停顿现象，可诱发生长点发育异常，造成僵苗、自封顶。稍重时可造成生长点坏死，叶片从边缘萎蔫向内扩展，逐渐干枯，一般不褐变。低温持续过长则会造成植株大面积枯死。

（2）发生原因。环境温度超过瓜苗最低耐受温度，一般品种最低耐受气温在7℃左右、最低耐受地温在10℃左右，当环境温度长时间得不到满足时会出现冻害。

（3）防治方法。早春茬口栽培选用耐低温品种；育苗时遇极端天气应加强棚室保温措施，并使用地热线提升苗床温度；定植前应充分炼苗，提升幼苗耐寒能力；生长前期要注意放风方式，应采用循序渐进的方式逐渐打开风口，风口处应加设围挡等防止冷空气直吹；合理安排茬口，确保定植时白天平均气温可达20℃以上，10厘米处地温稳定在15℃以上；在受冻害后，若气温回升，可及时喷施叶面肥或碧护等生长调节剂促进缓苗。

17. 热害

（1）发病症状。西瓜、甜瓜均可发病。主要表现为中午光照强时叶片和茎蔓萎蔫，植株整体呈脱水状，早晚可恢复。严重时叶片由边缘向中心枯萎，可造成植株死亡。同时高温还可能造成气孔关闭，新叶皱缩，类似于病毒病症状。

（2）发生原因。环境温度超过瓜苗最高耐受温度即可发生。一般西瓜最适宜生长温度为25～30℃，保护地栽培后期如放风不及时，会使棚内气温迅速升至40℃以上，严重时会超过50℃，从而对植株造成伤害。甜瓜耐高温性普遍较西瓜强，但棚室温度也不宜长时间超过45℃。

（3）防治方法。选择耐热性较好的品种；天气炎热时适当加大风口，降低棚室温度；使用遮阳网或遮阳喷剂等方式对棚室进行遮阴处理；底肥中加入过磷酸钙等钙肥，促进发根和营养元素的运输；发生轻度热害时可喷施叶面肥，提高植株抵抗能力，且能够直接降低植株表面温度，缓解热害症状。

18. 沤根

（1）发病症状。西瓜、甜瓜均可发生。主要发生在苗期，表现为幼苗出土后不发新根、叶片萎蔫、根系变褐腐烂，使茎叶生长受到抑制，严重时可造成病株枯死。需要注意的是沤根发病初期症状与枯萎病类似，均出现须根少、叶片皱缩萎蔫现象，一般正午症状明显，早晚可恢复，但枯萎病中后期茎基部会出现缢缩，将茎蔓切开会发现维管束明显变褐坏死。后期出现沤根后茎蔓及叶片一般不出现明显症状，主要表现为整珠植株萎蔫，生长缓慢、叶片小，而枯萎病早期表现为1蔓或2蔓萎蔫，很少出现整株同时萎蔫的情况，且湿度大时有汁液流出。

（2）发生原因。主要是由于土壤温度低、湿度过大引起的，多发生在冬季育苗期。

（3）防治方法。选用耐低温品种；合理安排苗床，避免在低洼地块育苗；合理灌溉，并采用基质或基质加营养土的方式育苗，提升苗土透气性；气温较低时应采用地热线为苗床提温；育苗土中应适当添加有机肥，为根系提供缓释营养，并提高苗土保墒保肥能力；在出现沤根现象后可叶面喷施生根剂进行缓解，提升根系活性。

19. 药害

（1）发病症状。西瓜、甜瓜均可发生。表现为植株生长受阻、生长点分化停止或延迟、叶片皱缩、不规则叶斑和果实畸形等，严重时可致叶片干枯、植株凋零和落花落果等。发病早期易与冻害相混淆，主要区别在于药害发生在喷施药剂后，叶片会出现斑点或不规则干枯，而冻害表现为生长缓慢、叶片皱缩、根系较弱。

（2）发生原因。施药后造成的植株生理功能异常或生长受阻的现象。因药品选择不当导致药剂与细胞液中某些物质发生反应，产生毒害作用，或农药直接堵塞气孔和水孔，造成植株呼吸和蒸腾作用受阻，皆可造成药害。

（3）防治方法。选择适合西瓜、甜瓜使用的药剂开展植保工作；喷施药剂时要严格按照说明进行配制，切忌自行加大浓度。避免在正午或光照较强的情况下喷施药剂，防止药剂通过气孔、水孔和细胞间隙进入细胞；发生药害后可喷施碧护或叶面肥来增强植株代谢能力，提升植株抗逆性，缓解药害症状。

20. 早衰

（1）发病症状。西瓜、甜瓜均可发生。表现为生长活性降低、根系木栓化、茎蔓细、新生叶片小而薄、叶色嫩绿、生长缓慢，严重时从老叶开始干枯脱落。

（2）发生原因。主要是由于管理不当造成的，一是生长环境温度不适宜，长期处于过高或过低的环境中导致植株代谢混乱，分泌过多的应激激素而诱发植株早衰；二是生长环境湿度不适宜，过度干旱或是过度湿润都会使根系发育不良，造成植株生长后期养分和水分供应不足，从而诱发早衰；三是营养生长与生殖生长失衡，枝叶过少或留果过多，使植株后期生长负担加重，难以保证正常生长发育，从而出现早衰；四是长期氮素缺乏，也会导致植株早衰。

（3）防治方法。合理控制栽培温度、合理灌溉、科学施肥、适度整枝，每株留果 1～2 个。

21. 日灼病

（1）发病症状。主要发生在西瓜上。主要表现为果实表面灼伤，花纹失绿或生出黄褐色不规则状病斑。有时也表现为果实表面着色不均，成花绿色。

（2）发生原因。因整枝不当、植株长势弱或坐果位置不佳等原因，导致叶片未能遮蔽果实，使其暴露在阳光下过度着光。

（3）防治方法。加强水肥管理，多施有机肥作基肥，在生长前期保证充足的氮素供应，增加叶片面积；科学授粉，选择节位和叶片大小适中的位置留果；必要时用稻草或遮阳网等物对果实进行覆盖。

22. 缺氮

（1）发病症状。一般表现为植株生长缓慢，叶细弱，叶片褪绿；新生茎蔓节间缩短；幼瓜生长缓慢，果实小，产量和品质较低；植株易早衰。需要注意的是氮素在西瓜、甜瓜体内为可移动元素，因此缺氮时老叶首先表现出症状，向新叶逐渐蔓延。

（2）防治方法。平衡足量施肥，一般底肥每亩施用有机肥5立方米，同时添加用尿素10～15千克。出现缺氮症状后可用0.3%～0.5%尿素溶液进行叶面喷施；后期缺氮还可用高含氮量冲施肥进行冲施。

23. 缺磷

（1）发病症状。磷是植物体中核酸、核蛋白和三磷酸腺苷等大分子物质的重要组分，具有促进瓜类根系生长、增强根系吸收水肥的能力，提高植株的抗逆性和果实品质的作用。缺磷时表现为根系发育差，植株细小，叶片背面呈紫色，花芽分化受到影响，开花迟，成熟晚，而且容易落花和“化瓜”，果肉中往往出现黄色纤维和硬块，甜度下降，种子不饱满。

（2）防治方法。大多数磷肥中磷的释放比较缓慢，建议底肥多施有机肥，或加入高含磷肥料。后期追施可用优质小分子磷肥或用0.4%～0.5%过磷酸钙进行叶面喷施。

24. 缺钾

（1）发病症状。钾对植物体内同化产物的运输有促进作用，也能够促进光合作用，提高二氧化碳的同化率。缺钾时，植株表现为抗逆性差，输导组织衰弱，养分的合成及运输受阻，使果实的产量和品质下降。同时会出现叶面皱曲、老叶边缘变褐枯死、严重时向内扩展、坐果率低等问题。

（2）防治方法。苗期缺钾可每亩施用3～5千克，伸蔓后缺钾可每亩施用硫酸钾8～10千克。早期使用磷酸二氢钾，建议开沟埋施，以防气体挥发烧苗；后期缺钾可用0.4%～0.5%硫酸钾溶液叶面喷施或用高钾含量冲施肥进行追施。

25. 缺钙

（1）发病症状。一般表现为叶缘黄化干枯，叶片向外侧卷曲，呈降落伞状，植株顶部一部分变褐坏死，茎蔓停止生长。花芽分化时，如进入子房中的钙素不足，容易引起果实畸形，果实膨大期缺钙易由果脐部位发生裂果。

（2）防治方法。缺钙地块在底肥中增施石膏粉或含钙肥料，如过磷酸钙等；出苗后缺钙可用 0.2%～0.4% 氯化钙溶液叶面喷施，喷施量不宜过大，以免出现氯中毒现象；合理灌溉。

26. 缺硼

（1）发病症状。一般表现为新生蔓节间变短，蔓梢向上直立，新叶变小，叶面凹凸不平，有不均匀斑纹。缺硼症状易与病毒病混淆，需加强辨认，缺硼植株新蔓上往往有横向裂纹，质脆易折断，断口呈褐色。严重时不能正常结果，有时蔓梢出现红褐色膏状分泌物。

（2）防治方法。缺硼地块在底肥中需加入硼砂，每亩用量 0.5～1 千克与底肥混匀撒施；缺硼症状严重时可用 0.1%～0.2% 硼砂溶液进行叶面喷施。

27. 缺铁

（1）发病症状。铁元素在植物体内较难迁移，缺铁症状一般先出现在顶端的新叶上。初期表现为顶端新叶叶肉失绿，呈淡绿色或淡黄色，叶脉保持绿色。随着缺铁症状的进一步延续，叶脉也会逐渐失绿，使整个叶片呈淡黄色。

（2）防治方法。增施有机肥，提升土壤有机质和有益菌含量，促进土壤中铁元素的活化和吸收；合理施肥，避免过量施入其他元素而阻碍铁元素的吸收；合理灌溉，防止因干旱影响铁元素的吸收和运输；缺铁症状严重时，可采用 0.1%～0.2% 硫酸亚铁溶液进行叶面喷洒。

28. 盐渍化

（1）发病症状。土壤盐渍化会提升土壤渗透势，阻碍植株吸水；盐分与其他离子结合产生不溶物或难溶物，使土壤板结，降低透气性，阻碍营养吸收和根系发育，使植株出现脱肥症状。多发生在干旱、半干旱区或常年大水漫灌的地块。

（2）防治方法。施入土壤改良剂；避免大水大肥管理，改用微喷或滴灌等精准水肥管理技术。

三、西瓜、甜瓜虫害

因环境条件不利或栽培措施不当常会引起西瓜、甜瓜的生理失调而引起虫害，影响西瓜、甜瓜的正常生长，从而大大降低西瓜、甜瓜的品质与产量，影响经济收入。

在西瓜、甜瓜的整个生长过程中，有多种虫害的发生。要想西瓜、甜瓜能够丰产丰收不受虫害的影响，应从 3 个方面进行了解与防治：一是作物的发病症状；二是引起虫害的条件；三是对虫害的防治措施。

1. 蚜虫

（1）发病症状。蚜虫又称蜜虫、腻虫，有同翅型和无翅型两种，严重为害植株的生长，给种植户造成了极大的经济损失。为害西瓜的主要是棉蚜，又名瓜蚜，无翅胎生雌蚜，体长 1.5～1.9 毫米，体色夏季为黄绿色或黄色，春秋季为蓝黑色、深绿色或棕色。瓜蚜主要为害西瓜叶片或幼苗以及嫩茎。瓜蚜以针管状的口器刺吸被害植株的汁液，叶片被害后多形成皱褶、畸形以致向叶背面卷缩。为害严重时，植株生长发育迟缓，甚至停滞；开花坐果延迟，果实变小，可溶性固形物含量降低，影响西瓜的产量和质量。瓜蚜还能传播西瓜病毒病，为害甚大。

（2）为害条件。瓜蚜每年可发生 20 余代，主要以卵越冬。在适宜的温、湿度条件下，瓜蚜每 5～6 天就可完成一代。每只雌蚜一生能繁殖 50 余头若蚜，繁殖速度非常快。瓜蚜的发生与温、湿度密切相关。16～22℃是瓜蚜的繁殖适温。温度在 25℃以上，相对湿度超过 75% 时，对其生殖不利。因此，干旱天气有利于蚜虫的发生。雨水可冲刷蚜虫，降低虫口密度。

（3）防治措施。

①物理防治：比较常用的有两种，一是黄板诱虫。针对蚜虫对黄色有强烈的趋性，在西瓜田间插黄板进行诱杀。具体方法：自制木板或纸板，规格为（50～70）厘米 ×30 厘米。先将木板涂黄色，再用机油加少许黄油搅拌均匀后，涂抹在木板上，每亩 20 块左右，插在瓜田株间，插板要高出植株 10～15 厘米，当黄板粘满害虫时，利用上述方法再次涂抹，可反复利用。同时适用于白粉虱、美洲斑潜蝇等害虫。二是银灰膜避蚜。利用银灰色对蚜虫的驱避性，在瓜田周围悬挂银灰色塑料薄膜，以达到防蚜的目的。清除瓜田内外的杂草也可消灭越冬蚜虫。

②药剂防治：瓜蚜，必须及早进行，即在点片发生阶段就应及时喷药。喷药后 5～6 天再检查 1 次叶片背面。若仍有瓜蚜应再喷 1 次。由于瓜蚜繁殖代数多，繁殖率高，所以在普遍发生阶段应连续多次喷药。一般每隔 5～6 天喷药 1 次，连续喷 3 次即可。而且喷药时须对叶片背面和幼嫩瓜蔓部分要格外仔细

喷洒。对为害较重的叶片，应加大喷药剂量。防治药剂有多种，可喷10%吡虫啉可湿性粉剂，每亩20克；20%啶虫脒可溶粉剂，每亩12～14克。蚜虫为害，还可用亩旺特（20%螺虫乙酯）+联苯吡虫啉，或隆施（10%氟啶虫酰胺）+吡蚜酮，或极锐（80%烯啶吡蚜酮）+阿维啶虫脒，或稳特（22%螺虫噻虫啉）+护瑞（10%呋虫胺）桶混液轮换喷施。用肥皂液可消除多种类型的花园害虫，也包括西瓜上的蚜虫。在3.5千克水中混合160毫升洗洁精，摇匀然后喷洒所有叶子表面，包括叶子背面。化学药剂还可选用吡虫啉、乙虫脒，兼治瓜蓟马；其他还有敌敌畏、阿维·高氯氟氰，连续进行叶面喷施2次，每5～7天1次。此外，化学药剂防治应交替用药，减少害虫抗药性的发生。

③保护地药剂防治：可用虱蚜克烟剂进行熏蒸。点燃冒烟，密闭3小时。就目前而言，对瓜蚜的防治主要以药剂防治为主，但在药剂的选择上，一定要注意选择高效低毒的无公害农药和高选择性的生物药剂。如生物农药茼蒿素，兼治瓜叶螨；阿维菌素既防治蚜虫又防治白粉虱。

2. 根结线虫病

（1）发病症状。根结线虫病是由线虫侵染而感染的虫害。它主要侵害西瓜的根部，以西瓜的侧根、须根受害最为严重。西瓜苗期和成熟期均可发病。幼苗感病，幼根上产生许多瘤状物，地上部叶片颜色变浅，叶缘枯黄，生长缓慢，发病严重时枯死。成株期发病，植株生长发育衰弱，开花晚，不结瓜或生瓜不稳，生病植株逐渐枯死，病株根系主根朽弱，侧根和须根上产生许多大小不等的瘤状根。根结早期为淡黄色，逐渐变为黄褐色，表皮有时龟裂，随着病情的发展，最后导致根部腐烂。根结表面可以看到黄褐色小圆形颗粒，为雌虫排出的卵囊，剖开根结，病组织内可见极小的鸭梨形乳白色成熟雌性线虫。

（2）发病原因。保护地生产的发展，为根结线虫的发生提供了适宜的环境。早在 20 世纪 70 年代时期根结线虫病已经是蔬菜生产中一种重要病害，80 年代以后，随着农业结构的调整，原来的粮食产区逐步向花生、西瓜和蔬菜等经济作物转化，城市生活垃圾也成为粮食区的主要有机肥料来源，病原线虫随着蔬菜幼苗、病残体传入瓜田，导致根结线虫病在西瓜、甜瓜上陆续发生，并上升成西瓜生产中的重要病害。

（3）发病条件。在种植区通过病土、幼苗、浇水和农具等传播。根结线虫在土壤的生活周期受温度影响很大。温度在 25℃左右，根结线虫即可以完成 1 代。1 年可繁殖 5～6 代。根结线虫生存的最主要因素是土壤的温度，其次是土壤的湿度，在土温 20～30℃、湿度 40%～70% 条件下，线虫繁殖最快，为害也最为严重。5—9 月西瓜的发病率也最为严重。寄主植物重茬种植的地块发病会越来越重。

（4）防治措施。

①农业措施：一是轮作倒茬。在水稻种植区，西瓜和水稻轮作可有效控制根结线虫的发生和为害。在非水稻种植区，可以和小麦、玉米等根部纤维化程度高的作物进行轮作。二是培育无病壮苗。培育无病壮苗可以减少苗期的感染，从而减轻根结线在田间的为害。苗床土以选用河床土为最好，也可应用未种植过瓜菜的大田土。配制营养土的农家肥应充分腐熟且未经西瓜和蔬菜残体污染。目前苗床土和营养土在经药剂消毒后，

可有效杀灭线虫，并可兼治苗期土传染病害、地下害虫，还可以防除苗床杂草。三是清除田间病残体和杂草。由于西瓜、甜瓜生长后期根结线虫的雌虫和卵大量留存在残体上，在土壤中存活越冬，成为翌年的初侵染源。因此，在西瓜、甜瓜采收结束后，彻底清除和销毁病株残体以及田间杂草，可以有效地降低土壤中的虫源基数以此减轻为害。四是翻耕晒土。在西瓜、甜瓜移栽前应及时翻耕晒土 2 次，每次置于烈日下暴晒 7 天以上，可有效杀死土壤中的越冬线虫，从而减少土壤中越冬线虫的成活数量。五是杜绝人为传播途径，采用无病土育苗；对于外来的种苗，要进行严格的审查，发现带有病原的幼苗要及时处理；使用无线虫污染的土杂肥。禁止用带有线虫的水进行灌溉；严禁将带有病原线虫的寄主植物和病残体带入未发病的田块，防止其感染传播及蔓延。

②药剂防治：在作物的非生长期用滴滴混剂处理土壤。滴滴混剂属熏蒸性药剂。在 7—9 月西瓜收获后的高温期用药效果最好。用滴滴混剂 600～750 千克 / 公顷，不但能够有效杀死病原线虫，还可杀灭多种病虫杂草。用药后要严格避免人为传播，保证作物在 2 年内能够正常生长。具体使用方法：选择种植前 20 天左右用药，每隔 40 厘米开 20 厘米深的沟，将药液施入沟内，随时盖土压实，减少药剂暴露时间，以免降低药效。施完药 15 天后，犁地反复晾晒 2～3 天即可种植。该药剂残效期短，产品无公害。生长期用药可选用在我国瓜菜上登记过的农药 3% 的米乐尔颗粒剂 22.5～30 千克 / 公顷或 5% 好年冬颗粒剂 30 千克 / 公顷，在定植前均匀施入定植穴内，或定植后施到根的周围（注意药剂必须施到表土层），用药后随时浇水，可有效

地控制病害的发生，保证植株正常的生长。

3. 白粉虱

（1）发病症状。白粉虱主要靠成虫和若虫吸食西瓜植株汁液，受到为害的西瓜叶片褪绿、变黄、萎蔫甚至全株枯死。同时，白粉虱繁殖能力强，繁殖速度快，常群聚为害，并分泌大量蜜液，严重污染西瓜叶片和果实，往往引起煤污病的发生，不仅妨碍光合作用，还严重影响果实的商品价值。

（2）为害条件。西瓜白粉虱的发病条件一般是湿度大，温度高，不通风。高温高湿不通风造成了发病条件。植株过密、通风不好、过量施用氮肥、植株长势差都易发病。保护地栽培在高温、通风不良时，下部老叶发病重。露地栽培则在夏秋干旱、连阴天、时晴时雨时流行。氮肥过多，或生长势弱、发病重。

（3）防治措施。一是避免在温室大棚附近种植黄瓜、番茄、茄子、菜豆等白粉虱发生严重的蔬菜。二是由于白粉虱世代重叠，在同一时间同一作物上存在各种虫态，而当前没有对所有虫态都有效的药剂，所以采用药剂防治，须连续几次用药，可用药剂有 10% 噻嗪酮乳油 1 000 倍液，或 25% 公灭乳油 1 000 倍液。三是温室大棚可采用烟熏防治，每亩温室内用 0.4～0.5 千克敌敌畏熏烟。四是有条件的可释放人工繁殖的丽小蜂，一般温室内每隔两周释放 1 次，共释放 3 次。五是因为白粉虱对黄色有强烈趋性，特别是橙黄色最强，可在温室内设置黄板诱杀成虫。可用废旧纤维板或硬纸板用油漆涂成橙黄色，再涂上一层黏油，每亩需放置 30 块左右。

4. 烟粉虱

（1）发病症状。烟粉虱是棚室西瓜、甜瓜生产的重要害虫，它们都群集于叶片背面吸取汁液，使叶片褪绿、变黄、萎蔫甚至枯死，它的分泌物还能引起煤污病。烟粉虱繁殖快，1 年发生 10 代以上，仅仅靠药剂防治很难控制其为害。

（2）为害条件。烟粉虱成虫羽化后嗜好在中上部成熟叶片上产卵，而在原为害叶上产卵很少。卵不规则散产，多产在背面。每头雌虫可产卵 30～300 粒，在适合的植物上平均产卵 200 粒以上。烟粉虱的产卵能力与温度、寄主植物、地理种群密切相关。烟粉虱对不同的植物表现出不同的为害症状，叶菜类如甘蓝、花椰菜受害，叶片萎缩、黄化、枯萎；根菜类如萝卜受害，表现为颜色白化、无味、重量减轻；果菜类如番茄受害，果实不均匀成熟。在北京地区，烟粉虱对番茄、黄瓜、茄子、甜瓜和西葫芦为害严重。

（3）防治措施。

①物理防治：一是烟粉虱成虫有强烈的趋黄性，可悬挂黄板诱杀成虫，将 1 米 ×0.2 米的废旧纤维板或纸板，涂制成橙黄色，再涂一层黏性油（10 号机油加少许黄油调成），悬挂于行间（与植株同高），当黄板沾满烟粉虱时，再次涂抹沾油，7～10 天涂抹 1 次，一昼夜可诱杀成虫万只以上。二是培育无虫苗。育苗时要把苗床和生产温室分开，育苗前先彻底消毒，幼苗上有虫时在定植前清理干净，做到用作定植的瓜苗无虫。三是用丽蚜小蜂防治烟粉虱，10 天放 1 次，连续放蜂 3～4 次，可基本控制其为害。四是注意安排茬口、合理布局。在温室、大棚内，西瓜可与芹菜、韭菜、蒜、蒜黄等间套种，以防止烟粉虱

传播蔓延。

②化学防治：早期用药在烟粉虱零星发生时开始喷洒 20% 噻嗪酮可湿性粉剂 1 500 倍液或 25% 灭螨猛乳油 1 000 倍液、2.5% 天王星乳油 3 000～4 000 倍液、2.5% 氯氟氰菊酯乳油 2 000～3 000 倍液、20% 灭扫利乳油 2 000 倍液、10% 吡虫啉可湿性粉剂 1 500 倍液，隔 10 天左右 1 次，连续防治 2～3 次。在整地时候使用微生物制剂深三尺 + 化学制剂吡虫啉进行基施，能够有效预防烟粉虱。

③药剂防治：可采用喷雾法和熏烟法。棚室内发生烟粉虱可用背负式或机动发烟器施放烟剂，采用此法要严格掌握用药量，以免产生药害。

5. 小地老虎

（1）发病症状。以其幼虫为害幼苗，取食幼苗心叶，切断幼苗近地面的根茎部，使整株死亡，造成缺苗断垄，严重地块甚至绝收。尤其是瓜地的为害更是不能忽视。

（2）为害条件。地老虎俗称“黑地蚕”“地蚕”“切根虫”，是为害农作物几大害虫之一。小地老虎是一种迁飞性害虫，它的发病条件是小地老虎年发生代数因地区、气候条件而异。在我国从北到南每年发生 1～7 代。在辽河流域和西北内陆棉区每年发生 2～3 代，黄河流域棉区每年发生 3～4 代，长江流域棉区每年发生 4～5 代，华南和西南棉区每年发生 6～7 代。终年繁殖为害。1 月平均温度 0℃以下地区，不能越冬。因此，我国北方地区小地老虎越冬代成虫均由南方迁入。当年 3—4 月雨水少，有利于越冬幼虫化蛹、羽化和成虫交配产卵，小地老虎就有大发生的可能。地势较低、土壤湿度大、杂草种类多且生长茂密，适宜小地老虎生长发育和繁殖。小地老虎的成虫昼伏夜出，趋化性强，对发酵的酸甜气味和萎蔫的杨树枝把有较强的趋性，对黑光灯也有强烈的趋性。小地老虎的幼虫共6龄，少数7～8龄。孵化后先取食卵壳，在缺乏食物或种群密度过大时，个体间常自相残杀。幼虫老熟后，常选择比较干燥的土壤筑土室化蛹。

（3）防治措施。糖醋液混合杀虫剂，或使用黑光灯诱杀成虫；清除杂草，秋翻晒土，春耕耙地，杀灭卵及幼虫；3龄前叶面喷施防治，大龄幼虫可进行灌根治疗。一是甜瓜轮作倒茬。二是春播前进行春耕细耙等整地工作，可消灭部分卵和早春的杂草寄主，同时在作物幼苗期结合中耕松土，清除田内外杂草并将其烧毁，均可消灭大量卵和幼虫。秋季翻耕田地，暴晒土壤，可杀死大量幼虫和蛹。三是在清晨刨开断苗附近的表土捕杀幼虫，连续捕捉几次，效果也较好。受害重的地块可结合灌水淹杀部分幼虫。四是在瓜田设置黑光灯诱杀，在成虫盛发期，设置黑光灯诱杀成虫。五是糖醋酒液诱杀成虫，成虫盛发期，在田间设置糖醋酒盆诱杀成虫，糖醋液配制比例为红糖6份、醋3份、酒1份、水10份，再加适量敌百虫等农药即成。六是泡桐叶诱杀幼虫，将刚从泡桐树上摘下的泡桐叶，用水浸湿，于傍晚均匀放于苗地地面上，每公顷放置900～1 200张，清晨检查，捕杀叶上诱到的幼虫，连续3～5天，效果较好，也可将泡桐叶浸泡在90%晶体敌百虫200倍液中，10小时后取出使用。七是毒饵诱杀，50%辛硫磷1 500克加水37.5千克，喷在100千克切碎的鲜草上，于傍晚分成小堆放置在田间，用量为每公顷225千克。翌日清晨捡拾死虫，防止其复活。八是小地老虎1～3龄幼虫期抗药性差，且暴露在植株或地面上，是喷药防治的最佳时期。傍晚喷药，植株、地面都要均匀喷雾。4～6 龄幼虫，因其隐蔽性强，药剂喷雾难以防治，可使用撒毒土和灌根等方式进行防治。药剂可选用 2.5% 敌杀死乳油 2 000 倍液，或 48% 毒死蜱乳油 1 000 倍液，或 10% 虫螨腈悬浮剂 2 000 倍液，或 5% 氟虫脲乳油 2 000 倍液，或 25% 快杀灵乳油 1 000 倍液，或 20% 氰戊菊酯 3 000 倍液，或 2.5% 溴氰菊酯 3 000 倍液，或 20% 菊・马乳油 3 000 倍液喷雾。也可用 25% 的敌百虫粉剂 1 千克，拌细土 40 千克，于傍晚撒于田间。此外，还可用 50% 辛硫磷乳油 500 倍液灌根。

6. 斑潜蝇

（1）发病症状。斑潜蝇又叫鬼画符、地图虫，主要为害叶片，有时也会潜食瓜皮。成虫、幼虫均可为害，雌成虫把植物叶片刺伤后进行取食和产卵，幼虫在潜入叶片表皮下孵化后，潜食叶肉或叶柄为害，产生不规则的蛇形白色虫道，破坏叶片叶绿素，影响植物的光合作用，严重受害的叶片枯黄脱落，造成花芽、果实被灼伤，甚至整株枯死。严重时苗期造成毁苗，甚至绝收。受害田块受害率 30%～100%，减产 30%～40%。严重者绝收。

（2）为害条件。设施越冬栽培为斑潜蝇的越冬和繁殖提供了有利的条件和丰富的食物。斑潜蝇在设施作物上 18～25 天完成一个世代，全年可发生 12～16 代，世代重叠。

（3）防治措施。

①农业防治：一是完善病虫检疫，积极开展蔬菜产地检疫，同时加强调运检疫，禁止从疫区调入叶菜类蔬菜；途经疫区调运种苗或蔬菜产品时，需经灭虫处理后，方可进入市区流通。

二是合理轮作间作，斑潜蝇对不同蔬菜作物的喜食程度不同，进行设施黄瓜栽培时，应合理安排茬口，选择斑潜蝇不喜食的葱、蒜、苦瓜等蔬菜进行轮作、间作、套种来减轻斑潜蝇的为害。三是选择优势品种。斑潜蝇对不同黄瓜品种的嗜食性不同。研究表明，斑潜蝇对黄瓜品种的取食选择与叶片表面茸毛数量、长短以及坚硬程度显著相关。本地区设施黄瓜栽培时应考虑选择津优 28 等叶片表面茸毛多、长且坚硬的品种。四是加强栽培管理。土壤处理。在上茬蔬菜收获后，深翻土壤 20 厘米以上，将地表虫源深埋地下，以降低蛹的羽化率及斑潜蝇存活率。合理密植。适当疏植，提高通风透光率，压低虫口密度。清洁田园。及时清除设施内的杂草、病叶、虫叶、老叶以及虫害严重的植株，保持设施内清洁卫生，并将被斑潜蝇为害的作物残体集中深埋、沤肥或烧毁。合理施肥灌水。在黄瓜定植之前，施入充分腐熟有机肥作为基肥，避免将卵、蛹、幼虫带入棚；在斑潜蝇蛹高峰期集中灌水，增大田间持水量，能有效抑制蛹的发生和羽化。

②物理防治：一是悬挂黄板诱杀。在设施黄瓜栽培中可利用斑潜蝇的趋黄性，悬挂黄板诱杀潜叶蝇成虫。每亩应设 15～20 个黄板，黄板的悬挂高度需保持在黄瓜生长点上方 20 厘米处，每隔 5～6 天更换 1 次。二是设置防虫网。在春、秋季进行设施黄瓜栽培时，应在通风口处设置防虫网（60～100 目），防止露地美洲斑潜蝇虫源进入设施内进行为害。三是高温焖棚。夏季高温换茬时，先不清除遗留残株，将棚室密闭，使晴天白天棚内温度达 60℃以上，连续 6 昼夜不开缝，可杀死大量斑潜蝇虫源。

③化学防治：一是防治时期。化学防治斑潜蝇遵循低龄防治原则，并根据斑潜蝇在黄瓜上的活动规律选择防治时间。在1～2龄幼虫盛发期（田间黄瓜受害叶出现2厘米以下虫道时），选择晴天8时30分至11时或16时30分至19时幼虫活动高峰期施药，对防治幼虫效果较佳；防治成虫，一般选择在卵期，即成虫盛发期，8时30分之前进行。二是科学用药。为保证防治效果，减少设施黄瓜的农药残留，施药时应严格在农药安全间隔期内做到均匀喷施，同时选用生物农药或高效、低毒、低残留的化学农药。当虫株率达到5%～10%，轮换合理使用复配剂或单剂，避免使斑潜蝇产生抗性。三是成虫防治。复配药剂：2.0%阿维菌素乳油4 000倍液、50%灭蝇胺可湿性粉剂3 500倍液、5%噻螨酮乳油2 000倍液混配3 000倍液。烟熏药剂：10%异丙威烟雾250～300克/亩，使用完毕后密闭棚室4小时后通风。单剂轮用：生物农药0.2%阿维虫清（阿维菌素）乳油1 500倍液或25%灭幼脲三号悬浮剂1 000倍液，交替使用，每7天喷1次，连喷3次；10%氯氰菊酯或4.5%高效氯氰菊酯乳油2 000倍液与20%吡虫啉可溶性液剂4 000～5 000倍液，交替使用，每7～9天喷1次，连喷2～3次。四是幼虫防治。每亩使用11%阿维·灭蝇胺悬浮剂70毫升、5%甲维盐微乳剂10毫升或5%啶虫脒乳油20～30毫升，兑水40～50千克喷雾防治。

7. 蝼蛄

（1）发病症状。蝼蛄为多食性害虫，以成虫和若虫在土中为害多种农作物、蔬菜、瓜类、果树、林木刚播下的种子、幼苗，或将幼苗根、茎部咬断，使幼苗枯死，受害的根部呈乱麻状。蝼蛄在地下活动，将表土穿成许多隧道，使幼苗根部与土壤分离，造成幼苗因失水干枯致死，缺苗断垄，严重的甚至毁种。

（2）为害条件。蝼蛄喜栖居在轻盐碱地、河岸、渠边等潮湿环境中。对香甜味、豆饼、麦麸、煮至半熟的谷子和未腐熟的马粪有趋性，对灯光、黑光灯有强趋性。蝼蛄有昼伏夜出的习性，1～2 龄若虫有群集性，3 龄后分散。4—11 月为蝼蛄的活动为害期，以春、秋两季为害最严重。

（3）防治措施。

①农业防治：一是深翻土壤，精耕细作造成不利蝼蛄生存的环境，减轻为害。二是施用腐熟的有机肥料，不施用未腐熟的肥料。三是在蝼蛄为害期，追施碳酸氢铵等化肥，散出的氨气对蝼蛄有一定驱避作用。四是实行合理轮作，有条件的地区实行水旱轮作，可消灭大量蝼蛄，减轻为害。五是蝼蛄发生为害期，利用黑光灯、白炽灯诱杀成虫，尤以高温天气、闷热天气的夜晚诱杀效果最好。

②药剂防治：一是拌种。播种前用 50% 辛硫磷乳油，按种子重量 0.1%～0.2% 拌种，堆闷 12～24 小时后播种。二是毒饵诱杀。先将麦麸、豆饼、秕谷、棉籽饼或玉米碎粒等炒香，按饵料重量 0.5%～1% 的比例加入 90% 晶体敌百虫，用少量温水溶解，倒入饵料中拌匀，再根据饵料干湿程度加适量水，拌至用手攥稍出水即成。每亩施毒饵 1.5～2.5 千克，于傍晚时撒在已出苗的瓜地或苗床的表土上，或随播种、移栽定植时撒于播种沟或定植穴内。制成的毒饵限当日撒施。三是毒土毒杀。当蝼蛄发生为害严重时，每亩用 3% 辛硫磷颗粒剂 1.5～2 千

克，或 5% 毒死蜱（紫丹）颗粒剂 2 千克，或 4% 二嗪磷颗粒剂 0.8～1 千克，兑细土 15～30 千克混匀撒于地表，在耕耙或栽植前沟施毒土。

8. 红蜘蛛

（1）发病症状。红蜘蛛又叫火蜘蛛、火龙、沙龙，是一种常见的虫害，对作物的生长常常造成严重为害，影响农户们的种植收益及经济效益。红蜘蛛是一种为害作物种类较多的大害虫。以成虫、幼虫或若虫群集叶背吸食汁液，被害叶面呈现黄白色小点，严重时变黄枯焦，以至脱落。

（2）为害条件。红蜘蛛以雌蛛在枯叶、土缝和杂草根部越冬。翌年日平均气温达 6℃时开始活动、取食。在华北地区，露地上的红蜘蛛 3—4 月开始为害植株，5—7 月为害最重，在大棚、温室内周年均可为害。红蜘蛛每年繁殖代数因气候条件而异，平均气温在 20℃以下时，完成一代需 17 天以上。红蜘蛛喜干旱，其繁殖最适相对湿度为 35%～55%。所以，干旱年份有利于红蜘蛛的大发生。红蜘蛛主要靠爬行和风吹传播，流水和人畜也可携带传播。

（3）防治措施。适时合理追肥、灌水，促进西瓜生长，以增加抵抗力，同时，田间湿度较大，也不利于红蜘蛛发生。药剂可用阿维菌素、哒螨灵、炔螨特等，7～10 天 1 次，共喷 2～3 次，均可收到良好的防治效果。

9. 蓟马

（1）发病症状。蓟马作为一种虫害，严重影响了西瓜、甜瓜的产量，降低了农户们的种植效益及经济效益。蓟马的成虫和若虫锉吸甜瓜心叶、嫩芽、幼果的汁液，使被害植株嫩芽、嫩叶卷缩，心叶不能张开。叶片上会出现细长灰色斑点。甜瓜生长点受蓟马为害后，常常失去光泽，皱缩变黑，不能再抽蔓，甚至死苗。蓟马为害甜瓜主茎后导致侧芽旺长。甜瓜幼瓜受蓟马为害后，出现畸形，表面常留有黑褐色疙瘩，瓜形萎缩，严重时造成落果。甜瓜成瓜受蓟马为害后，瓜皮粗糙有斑痕，极少茸毛，或带有褐色波纹，或整个瓜皮布满“锈皮”，呈畸形，严重影响甜瓜的品质及产量。为害西瓜的蓟马分为西花蓟马、棕榈蓟马和烟蓟马。

（2）为害条件。甜瓜蓟马的发生会导致病毒病的发生，蓟马的繁殖速度非常快，蓟马一年发生 10 多代，世代重叠。如果防治不及时，会对甜瓜的产量造成毁灭性的为害。长期的药剂防治使蓟马产生了很大的抗药性，此种情况下，蓟马的防治越来越困难。蓟马以成虫潜伏在土块土缝下、枯枝落叶间过冬，少数以若虫过冬。翌年气温回升至 12℃时到地面开始活动，先在冬茄、枸杞等作物上取食和繁殖，待瓜苗出土后，即转至瓜苗上为害。蓟马以孤雌生殖，雄虫罕见。雌虫产卵于嫩叶组织内。蓟马以成虫和 1～2 龄若虫取食为害，老熟的 2 龄若虫自动掉落在地面上，从裂缝钻入土中，3～4 龄若虫不食不动相当于全变态昆虫的预蛹和蛹期。

（3）防治措施。一是清除田间杂草，加强水肥管理，使植株生长旺盛，可减轻为害。二是在蓟马发生时期及时施药，常用药剂有 5% 氟虫腈悬浮剂 2 500 倍液，或 20% 吡虫啉可溶剂 4 000 倍液，或 50% 辛硫磷乳油 1 000 倍液，或 20% 异丙威乳油 500 倍液。

10. 茶黄螨

（1）发病症状。茶黄螨属蛛形纲蜱螨目跗线螨科茶黄螨属的一种昆虫，是为害蔬菜瓜果较重的害螨之一。食性极杂，寄主植物广泛，已知寄主达 70 余种。受害叶片背面呈灰褐色或黄褐色，油渍状，叶片边缘向下卷曲；受害嫩茎、嫩枝变黄褐色，扭曲变形，严重时植株顶部干枯；果实受害果皮变黄褐色。茄子果实受害后，呈开花馒头状。主要在夏、秋露地发生。

（2）为害条件。保护地栽培可周年发生，但冬季为害轻，世代重叠。常年保护地 3 月上中旬初见，4—6 月可见为害严重田块。露地 4 月中下旬初见，7—9 月盛发。成螨通常在土缝、冬季蔬菜及杂草根部越冬。幼螨喜温暖潮湿的环境条件。成螨较活跃，且有雄螨附雌螨向植株上部幼嫩部位转移的习性。卵多产在嫩叶背面、果实凹陷处及嫩芽上，经 2～3 天孵化，幼（若）螨期各 2～3 天。雌螨以两性生殖为主，也可营孤雌生殖。茶黄螨喜温性害虫，发生为害最适气候条件为温度 16～27℃，相对湿度 45%～90%。

（3）防治措施。一是搞好冬季防治工作。铲除田间和棚内杂草。采收后及时清除枯枝落叶集中烧毁，减少越冬虫源。二是在施药时应注意把药液重点喷在植株上部的嫩叶背面、嫩茎、花器和嫩果上。药剂可选用 1.8% 虫螨克乳油 3 000 倍溶液，或 72% 炔螨特乳油 2 000 倍液，或 55% 噻螨酮乳油 2 000 倍液，或 20% 双甲脒乳油 1 500 倍液，或 1.8% 爱福丁乳油 3 000 倍液，或 2.5% 天王星乳油 1 000 倍液，或 25% 灭螨猛可湿性粉剂 1 000 倍液。药剂轮换使用。隔 10 天喷 1 次，连续 3 次。

11. 蛴螬

（1）发病症状。金龟子或金龟甲的幼虫，俗称鸡乸虫等，是鞘翅目金龟甲总科幼虫的总称。成虫通称为金龟子或金龟甲。蛴螬分布于全国各地。植食性蛴螬大多食性很杂，同一种蛴螬常可为害双子叶和单子叶粮食作物、多种瓜类和蔬菜、油料、芋、棉、牧草以及花卉和果、林等播下的种子及幼苗。幼虫终生栖居土中，喜食刚刚播下的种子、根、块根、块茎以及幼苗等，造成缺苗断垄。成虫则喜食害瓜菜、果树、林木的叶和花器。是一类分布广、为害重的害虫。

（2）为害条件。蛴螬年生代数因种、因地而异。这是一类生活史较长的昆虫，一般1年发生1代，或2～3年发生1代，长者5～6年发生1代。蛴螬共3龄。1～2龄期较短，3龄期最长。蛴螬终生栖居土中，其活动主要与土壤的理化特性和温湿度等有关。在一年中活动最适的土温平均为13～18℃，高于23℃，逐渐向深土层转移，至秋季土温下降到其活动适宜范围时，再移向土壤上层。因此蛴螬在春、秋季两季为害最重。

（3）防治措施。

①农业防治：大面积秋、春耕，可将部分幼虫翻至地表，人工捡拾或使其风干、冻死或被天敌捕食。灯光诱杀成虫，避免施用未腐熟的厩肥，减少成虫产卵。

②药剂处理土壤：一是用50%辛硫磷乳油每亩200～250克，加水10倍，喷于25～30千克细土上拌匀成毒土，顺垄条施，随即浅锄，或以同样用量的毒土撒于种沟或地面，随即耕翻，或混入厩肥中施用，或结合灌水施入。二是用3%克百威颗粒剂、5%辛硫磷颗粒剂、5%地亚农颗粒剂，每亩2.5～3千克处

理土壤，都能收到良好效果，并兼治金针虫和蝼蛄。三是每亩用辛硫磷胶囊剂 150～200 克拌谷子等饵料 5 千克左右，或辛硫磷乳油 50～100 克拌饵料 3～4 千克，撒于种沟中，兼治蝼蛄、金针虫等地下害虫。

12. 种蝇

（1）发病症状。西瓜、甜瓜栽培效益较高，瓜田施用土粪较多。由于春季干旱，气温较高，瓜田浇水频繁，造成田间小气候适合瓜种蝇繁衍，致使瓜地蛆集中发生为害。据两年调查，早春西瓜田为害田率 75.3%，甜瓜为害田率 57%，平均为害株率 21%。地蛆主要为害西瓜、甜瓜根部，造成被害蔓逐渐失水萎凋。幼虫钻食西瓜、甜瓜根部，严重时将根部表皮全部钻空造成作物因水分不足而萎凋，后引起根部腐烂直至死亡。其表现症状与枯萎病特别相似，部分瓜农按枯萎病防治，延误防治时期。

（2）为害条件。瓜地蛆，是瓜种蝇的幼虫，又叫瓜根蛆，是瓜类害虫之一。瓜地蛆体长 6～7 毫米，呈白色略带黄，状如粪蛆。它蛀食西瓜、甜瓜的根茎，造成枯萎死亡。在高温多湿的条件下或施用未腐熟的土肥、饼肥的地块极易发生，严重影响西瓜、甜瓜的生产。

（3）防治措施。

①农业防治：种蝇对生粪有趋向性，故勿用生粪做肥料，即使使用充分腐熟的有机肥，也要注意深施，必要时在粪肥覆盖一层毒土，以防止种蝇在粪肥上产卵。

②化学防治：在成虫产卵的高峰期及幼虫孵化盛期及时喷药毒杀是药剂防治的关键。药杀成虫，西瓜、甜瓜团棵后用

2.5% 溴氰菊酯 3 000 倍液或 90% 敌百虫晶体 1 000 倍液喷杀种蝇成虫，每 7 天连施 2～3 次。药杀幼虫，已发生地蛆的田块，可用 40% 辛硫磷乳油 1 000 倍液或 40% 毒死蜱 1 000 倍液淋地 2～3 次，傍晚施药，每 7 天连施 2～3 次。

13. 甜菜叶蛾

（1）发病症状。甜菜夜蛾属鳞翅目夜蛾科。别名：白菜褐夜蛾、玉米叶夜蛾等。甜菜夜蛾是一种多食性害虫，初孵幼虫结疏松网在叶背群集取食叶肉，受害部位呈网状半透明的“天窗”，干枯后纵裂。3 龄后幼虫开始分群为害，可将叶片吃成孔洞、缺刻，严重时全部叶片被食尽，整个植株死亡。4 龄后幼虫开始大量取食，蚕食叶片，啃食花瓣，蛀食茎秆及果荚。甜菜夜蛾以幼虫取食植物叶片，初孵幼虫在叶背面集聚结网，啃食叶背面叶肉，只留上表皮，不久干枯成孔。随着虫龄增大，幼虫开始分散为害。4 龄后食量大增，单子叶植物被咬成条状薄膜或破孔，双子叶植物咬成不规则破孔，上均留有细丝缠绕的粪便。老熟幼虫可食尽叶片仅留叶脉。5～6 龄幼虫一夜可吃甜菜叶 16～24.8 平方厘米，占幼虫总食量的 88%～92%。酷暑季节还可食栖于作物顶部，造成嫩头枯萎，还可潜入表土为害作物根部。一年发生 4～6 代，以蛹在土中越冬，3—4 月成虫羽化，成虫白天隐藏，夜出活动，趋光性强，在叶背上产卵，每块有卵 10～250 粒。幼虫 3～4 龄前喜群集叶间皱缝或凹陷处盖以薄丝在内咬食叶肉，留下表皮，长大以后食穿叶片，有假死性。气候干旱时发生重。

（2）为害条件。

①发生世代：广东每年发生 10～11 代，长江以北地区每年

发生 4～5 代，山东烟台、青岛、菏泽每年发生 5 代。

②越冬：以蛹在土室内越冬，在亚热带和热带地区全年可生长繁殖为害。

③发生时期：7—8 月为害较重。

④环境因素：最适宜的温度 20～23℃，相对湿度 50%～75%。成虫有趋光性。甜菜夜蛾其抗寒力因虫期不同而有差异。以蛹期及卵期的抗寒力最强，成虫和幼虫的抗寒力较弱。蛹的过冷却点是 -17.6℃，是所有虫态中生存能力最强的虫态。另外，所有虫态在其过冷却点以上时即发生死亡，也就是说，甜菜夜蛾体内结冰时即不能生存，因此，甜菜夜蛾属于不耐冻类昆虫。

（3）防治措施。

①农业防治：在蛹期结合农事需要进行中耕除草、冬灌，深翻土壤。早春铲除田间地边杂草，破坏早期虫源滋生、栖息场所，这样有利于恶化其取食、产卵环境。在虫卵盛期结合田间管理，提倡早晨、傍晚人工捕捉大龄幼虫，挤抹卵块，这样能有效地降低虫口密度。有试验表明，人工摘除卵块 3 次和人工捕捉幼虫 3 次对甜菜夜蛾的控制效果能达到 70%～93%。

②生物防治：使用 Bt 制剂进行防治及保护利用腹茧蜂、叉角厉蝽、星豹蛛、斑腹刺益蝽等天敌的生物防治方法。卵的优势天敌有黑卵蜂、短管赤眼蜂等；幼虫优势天敌有绿僵菌。

③物理防治：在成虫始盛期，在大田设置黑光灯、高压汞灯及频振式杀虫灯诱杀成虫，同时利用性诱剂诱杀成虫。

④化学防治：施药时间应选择在清晨最佳。用 5% 定虫隆乳油 1 500～3 000 倍液，或 1.8% 虫螨克乳油 2 000～3 000 倍液

等生物农药对甜菜夜蛾具有较理想的防治效果。幼虫孵化盛期，于 8 时前或 18 时后喷施 5% 夜蛾必杀乳油 1 000～2 000 倍液与菊酯伴侣 500 倍混合液，或 2.5% 高效氟氯氰菊酯乳油 1 000 倍液加氟虫脲乳油 500 倍混合液，或 5% 高效氯氰菊酯乳油 1 000 倍液加 5% 氟虫脲可分散液剂 500 倍混合液，或 10% 夜蛾净 1 000～1 500 倍液。

14. 黄曲条跳甲

（1）发病症状。黄曲条跳甲主要为害十字花科蔬菜，也为害瓜类、番茄、豆类。黄曲条跳甲的成虫和幼虫均能产生为害。以成虫为害较大。成虫主要食叶，咬食叶肉，虫咬食过的叶片有许多小椭圆形孔洞。幼虫主要为害根，剥食根皮或蛀入根内形成许多隧道，咬断须根，致使地上部分的叶片变黄、使植株凋萎枯死，影响齐苗。还可为害瓜果、果梗和嫩梢。以幼苗期为害严重，刚出土的幼苗子叶被吃光后不能继续生长导致整株死亡，造成毁种缺苗断垄。

（2）为害条件。一般发生 7～8 代，3 月底或 4 月上旬，气温升高，成虫活动频繁，取食蔬菜和产卵，以后约每月发生 1 代，主害代为春季 1、2 代（5 月、6 月）和秋季 5、6 代（9 月、10 月）。成虫有趋光性，寿命长，能飞善跳，中午前后活动最盛。成虫在植株周围湿润的土隙中或细根上产卵。喜温喜湿，但当相对湿度低于 90% 时，卵孵化极少。21～30℃是黄曲条跳甲的适宜活动温度，低于 20℃或高于 30℃，成虫活动明显减少，特别是夏季高温季节，黄曲条跳甲食量剧减，繁殖率下降，发生较轻。

黄曲条跳甲每年发生 3～5 代，成虫体长约 2 毫米，卵产在受害作物根部 1～7 厘米土壤中，幼虫体长为 3～5 毫米，在土中为害植物根茎部。3 月下旬至 6 月和 9—10 月气温在 20～30℃时适宜发生流行，为害较重。当气温超过 30℃活动和繁殖量下降并在寄主作物附近土壤缝隙和残体下蛰伏避温，为害降低。一旦条件适宜，又发生为害。黄曲条跳甲喜在 25～30℃温暖湿润的土壤环境中，如果温度适度，土壤相对湿度在 90% 以上时，黄曲条跳甲大量产卵繁殖为害，所以在菜园和春、秋季塑料大棚里易大量发生。由于田间食物充足，温度适宜，如管控不当，易流行发生为害。可采取与其他十字花科轮作的方式，减少或断绝黄曲条跳甲食物来源，达到抑制其生发育繁衍的目的。

（3）防治措施。

①农业防治：播前深耕晒土，造成不利于幼虫生活的环境，并能消灭部分蛹。采取地膜覆盖栽培，可避免成虫把卵产在根上。清除菜地残株落叶，铲除杂草，消灭其越冬场所和食料基地。

②化学防治：选用瓢甲敌 1 000 倍液，或 5% 氟虫腈悬浮剂 2 000 倍液，或 2.5% 敌杀死 3 000 倍液，或 10% 高效氯氰菊酯乳油 1 500 倍液等喷雾防治。防治幼虫可以使用 48% 毒死蜱乳油 1 500 倍液。棚防治可采用烟剂熏蒸法杀灭。

15. 瓜绢螟

（1）发病症状。以幼虫取食为害。初孵幼虫为害叶片时，先取食叶片下表皮及叶肉，仅留上表皮；虫龄增大后，将叶片吃成缺刻，仅留叶脉。幼龄幼虫在叶背啃食叶肉，呈灰白斑。3 龄后吐丝将叶或嫩梢缀合，居其中取食，使叶片穿孔或缺刻，严重的仅留叶脉。幼虫常蛀入瓜内，影响产量和质量。

（2）为害条件。以老熟幼虫或蛹在枯叶或表土越冬。4月底开始羽化，5月出现幼虫为害。7—9月为盛发期，世代重叠，为害严重。

（3）防治措施。

①农业防治：人工摘除卷叶、蛀果，带出田外集中销毁。收获后及时清洁田间，以减少虫源。避免在前茬为瓜茄类作物的田片种植。实行水旱轮作，但要避开与葫芦科、茄科作物轮作。

②化学防治：0.9%集琦虫螨克乳油1 500～2 000倍液，2%千虫尽可湿性（阿维菌素）1 500倍液，或48%毒死蜱乳油1 000倍液，或克特灵可湿性粉剂500倍液，或0.5%阿维菌素乳油2 000倍液。克特灵、阿维菌素属微生物杀虫剂，高效低毒，不污染环境，对人畜、农作物、生态环境相对安全，昆虫对其不易产生抗性。试验表明，印楝素对瓜绢螟具有多种生物活性，主要表现在对幼虫的拒食、成虫产卵的忌避、生长发育的抑制和一定的毒杀活性。

16. 黄守瓜

（1）发病症状。黄守瓜主要为害瓜苗的叶、嫩茎、花和果实，取食叶片时以身体为半径旋转咬食一圈，在叶片上形成一个环形或半环形食痕或孔洞。幼虫则为害蔬菜植株根系，钻食木质部与韧皮部之间，使地下部分萎蔫致死。

黄守瓜是南方西瓜苗期的毁灭性害虫。幼虫在地下为害幼苗或植株的根部，形成伤口或造成死苗。成虫取食幼苗或成株叶片、花和幼瓜进行为害。为害叶片时，常在叶片上留下圆形取食斑；取食斑穿透叶片时，叶片斑痕内部分脱落或在太阳照射后萎蔫。苗期受害可危及幼苗全部叶片，造成毁苗。为害幼瓜可导致果实畸形或脱落。

（2）为害条件。黄守瓜在北方地区每年发生一代，长江流域可发生 2～4 代。各地均以成虫休眠越冬，多潜伏于向阳的杂草、落叶及土缝内，尤以前作为瓜地的土隙中密度最大。越冬成虫寿命很长，北方可达 1 年左右，活动期为 5～6 个月，耐饥力强。黄守瓜喜温好湿，土温 6℃时，越冬成虫开始活动。先在菜地、豌豆及杂草上取食，然后迁移至西瓜田为害。成虫昼夜活动，清晨和黄昏栖息在叶背上，有假死性。

（3）防治措施。消灭成虫。在瓜苗定植后至 5 片真叶前，抓紧时机消灭早春出蛰后的成虫，可喷洒 90% 敌百虫原粉 1 000 倍液，或 2.5% 敌百虫粉剂，每亩 1.5～2 千克，或 50% 敌敌畏乳油 1 000～1 200 倍液喷雾。也可于 5 月成虫快产卵时，用谷壳和木屑 5 千克，拌柴油 0.5 千克，铺于植株周围，并于早晨人工捕杀成虫。成虫为害时，可喷 90% 敌百虫 1 000～2 000 倍稀释液或 80% 敌敌畏 1 000～1 500 倍液，防止成虫产卵。幼虫为害盛期，可用 800% 敌敌畏乳油 1 500～2 000 倍液灌根，杀死土中幼虫。

参考文献

陈晓，龚艳，张晓，等，2019. 西瓜、甜瓜生产机械装备的发展现状 [J]. 中国瓜菜，32(8)：65-68.

邓德江，2008. 西瓜甜瓜无公害栽培新技术 [M]. 北京：中国农业出版社 .

刘君璞，马跃，2019. 中国西瓜、甜瓜发展 70 年暨科研生产协作 60 年回顾与展望 [J]. 中国瓜菜，32(8)：1-8.

孙茜，2008. 西瓜疑难杂症图片对照诊断与处方 [M]. 北京：中国农业出版社 .

王恒亮，等，2013. 蔬菜病虫害诊治原色图鉴 [M]. 北京：中国农业科学技术出版社 .

王钦，张若纬，彭冬秀，等，2022. 天津市薄皮甜瓜早春塑料大棚栽培技术 [J]. 长江蔬菜 (1)：29-31.

闻小霞，郭云平，轩华强，2022. 早春茬保护地博洋 61 薄皮甜瓜高产栽培技术 [J]. 现代农业科技 (6)：43-47.

吴敬学，赵姜，张琳，2013. 中国西甜瓜优势产区布局及发展对策 [J]. 中国蔬菜 (17)：1-5.

杨念，王蔚宇，胡秀花，等，2017. 我国西瓜进出口贸易现状及发展趋势研究 [J]. 中国瓜菜，30(12)：19-24.

张保东，芦金生，2014. 西瓜、甜瓜新优品种栽培新技术 [M]. 北京：金盾出版社 .

张保东，赵永和，兰振，等，2012. 设施西瓜栽培新技术在北京地区的应用 [J]. 中国瓜菜，25(6)：51–53.

朱莉，曾剑波，李云飞，等，2015. 设施薄皮甜瓜优质高产栽培技术 [M]. 北京：中国农业科学技术出版社 .